林ヲ営ム

木の価値を高める技術と経営

赤堀楠雄

Kusuo AKAHORI

農文協

目次

プロローグ——ある林家《りんか》の営みから

第1章　木の価値を高めて林業を元気にする

第4章　木の価値を高める木材マーケティング

プロローグ——ある林家《りんか》の営みから

林業地・智頭《ちづ》で15代続く赤堀家

鳥取県南東部の智頭町は、400年前から木を植え始めたという、奈良・吉野や京都・北山と並び称される古くからの林業地である。智頭のスギやヒノキは、木目が美しく、色艶の良いことで知られ、町内に1カ所ある原木（丸太）市場（石谷林業智頭支店）には、質の高い原木を求めて全国から買い手が集まってくる。特にスギには「智頭杉」というブランド名が冠せられ、秋田杉や吉野杉に比肩する銘木として珍重されている。

智頭の山は大きい。中国地方でも鳥取、岡山県境に沿った一帯は、林業が盛んな土地柄で、どこに行ってもスギやヒノキの植林地が当たり前のように見られるが、智頭に来ると、周辺地域に比べて山がひときわ大きくなったような印象にとらわれる。それはおそらく錯覚ではなく、長い年月をかけて育てられた木々が形成する古い林業地ならではの景観が、そこには広がっているのである。

赤堀家は、町内西部の集落、東宇塚の一番奥にある茅葺き屋根の家に3世代が暮らす専業の自伐《じばつ》林家である。自伐林家とは、所有林の木を伐採し、山から運び出して販売するまでの作業を外注せず、自ら行なう林家のことを言う。赤堀家も、一家が力を合わせて、持ち山の育成に努め、育てた木を販売して生計を立ててきた。私は、苗字が同じで、おそらくはルーツもひとつになるだろうという近しさから、さらにはこの家の生業《なりわい》である林業を専門に取材しているという縁もあり、この一家には親しくしてもらっていて、最近は年に何度も取材に訪れている。

現在の家族は、隠居の辰雄さん（大正12年生まれ）と奥さんの伊都子《いつこ》さん（大正14年生まれ）、現当主で婿養子の完治さん（昭和19年生まれ）、辰雄さんの次女で完治さんの奥さんの澄江さん（昭和25年生まれ）、ふたりの長男の宗範さん（昭和55年生まれ）の3世代5人である（完治さんと澄江さんには、宗範さんの上に娘がふたりいるが、すでにふたりとも結婚し、八頭町と鳥取市で暮らしている）。この家は、西暦

(1) 除伐：一般的には、幼齢時に育成対象となる木の生育を妨げる木を除く作業。木の大きさには関わりなく、伐り捨て間伐のことを除伐と呼んだり、植栽木以外の樹種を除く作業を指したりと、地域によってさまざまな用法がある。

１５００年代末に伊勢（現在の三重県）から移入した赤堀一族の末裔で、１７００年代に分家として一家を立ててから完治さんは14代目、宗範さんは15代目となる。

山での作業は、完治さん・澄江さん夫妻と、平成27年春に地元の林業会社を退職して家業に就いた宗範さんが主に担っている。90歳を超えた辰雄さんも、まだ現役で毎日のように山に入り、除伐(1)や下刈り、作業路の補修といった作業に精を出す。以前は伊都子さんも、夫とともに山仕事にいそしんでいたという。専業林家として、まさに一家総出で山をつくってきたのである（写真ｐ－１）。

千代爺から受け継いだ山への思い

赤堀家の山には、元禄年間に植栽されたと伝わるスギの古木もあるが、植林を本格的に始めたのは１００年ほど前のことで、辰雄さんの祖父にあたる千代蔵氏（明治7年生まれ。他家から婿養子として赤堀家に入った）の代からである。所有する林地は約88ha。ただし、元からそれだけの山があったわけではなく、周辺の山を少しずつ買って徐々に面積を増やし、苗木を植え付けて経営規模を拡大してきた。澄江さんは、曾祖父にあたる千代蔵氏について次のように語る。

「千代爺は、山の手入れが生きがいで楽しみで、90何歳まで植林をしてました。それがウチの原点ではないかと思います。千代爺は良い木を育ててます。私らは山じゅうの木の味見をしてますからね。間伐や除伐を自分でやって、ここは誰がどういう手入れをしてきたのかを感じながら仕事をしてるんです。伐倒した木を丸太にして、その小口《こぐち》(2)を全部見て、木の中身を見ていますから。そうすると、千代爺という人は良い木を育てたと思うんです。経済的にいくらで売れたとかだけでなくて、この土地ならこういう育て方、この山な

写真 p-1　左から、現当主の完治さん、辰雄さん、宗範さん。３世代が力を合わせて林業を営んでいる。

(2) 小口：木材の横断面のこと。

らこうというのを考えて育てた人だなあと思う。ああいう育て方ができればなあと思います」

その千代蔵氏の山に対する思いは、次代（婿養子）の富次郎氏、さらには孫にあたる辰雄さんにも受け継がれ、世代を超えて木を育てながら、赤堀家は林家としての地歩を築いてきた。昭和49年に澄江さんと結婚して婿入りし、50年に勤めを辞めて赤堀家の林業に従事するようになった完治さんも、そんな先人たちの姿に直接触れ、昔語りを聞き、そして自ら山の作業に従事し、赤堀家の流儀を体に染み込ませてきた。完治さんは次のように話す。

「富次郎おじいさんも、おとうさん（辰雄さん）も、ずっと造林をしてきたんです。周辺の集落で売り山が出たら買う。大正時代や昭和のはじめといったら、そんなふうに山を熱心にやろうという家はそんなになかったと聞いとります。そのころは採草地なんかが多かったので、造林をするなんて変わり者みたいに見られてもいたらしい。そういう時代をくぐり抜けて、こつこつと植えてきたのがね、蓄積になって残ってきているわけですよ。商売で儲けたお金で山主になるとかではなくて、ウチの場合は本当に少しずつ面積を増やし、自分で植えて山をつくってきたんです」

毎年こつこつ、木を植え、道をつけ

東宇塚の南方、岡山県との県境に位置する那岐山のふもとに、赤堀家の主力山林のひとつである「オコ谷」がある。平成26年の夏に訪れた際には、辰雄さん、完治さん、宗範さんの3世代がそろって、その山を案内してくれた。

あとひと月足らずで91歳の誕生日が来るという、辰雄さんが運転する2ｔダンプの助手席に座らせてもらい、林道の入り口に着くと、別の車でそこまで来ていた完治さんと宗範さんが荷台に乗り込む。「ええか」と辰雄さんはふたりに声をかけ、「プッ」とクラクションを短く鳴らしてギアを入れ、慣れた様子で林道に分け入る（写真ｐ‐２）。

林道に入って間もなく、道端に「初期造林地、赤堀千代三」との文字が彫り込まれた大きな岩がある。これは、本格的に造林を始めた記念に、千代蔵氏が自ら彫ったものだという。「千代三」としたのは、「蔵」と彫るのが大変なので、簡略化したのだそうだ。

この岩を過ぎてからしばらくすると、道は左に折れて山肌を斜めに登り始め、傾斜が一気にきつくなる。轍《わだち》の部分が舗装されているので走行は安定しているが、重力がかかって背中がシートに押し付けられる。周囲の山が覆いかぶさるように迫る中、辰雄さんはギアとアクセルを軽快に操作しながら、山の奥へとダンプを走らせていく。

この道は、昭和30年代半ばから辰雄さんが自費で開設してきたものだという。当初は業者に作業を任せていたが、昭和50年ごろには油圧ショベル（いわゆる「ユンボ」）を購入し、作業も自分たちで行なうようになった。一帯の面積60haほどの山中に、総延長3㎞ほどの道を、これまでに開設している。

だが、辰雄さんが道をつけ始めたころは、車が入るような道を山につけるという発想は林業界にほとんどなく、周囲からはだいぶ訝しがられた。木の値段が高い時代は、道をつけると、その分、山が目減りして損になる、という感覚があったのである。

「この私設林道をつけたときになあ、森林（森林組合）の専務が『おめえ、何たることをしたんじゃあ。鉄索を張らんかい。ワイヤーで線出しせい（索＝ワイヤーに吊って丸太を運び出せばいいではないかという意味）。道をつけたりすんな』と言うてなあ」

「でも、道をつけてよかったですね」

「そりゃあ、あれじゃでえ、いまは大助かりじゃ。これをせずにおってみんさい。何をするにも高《たこ》うつく。ここはええことをしたわい」

「しかし、当時は誰もやっていなかったのに、なぜ道をつけようと思ったんですか」

写真 p-2　辰雄さんは90歳を越えた今も毎日のように山に入る。

「それはなあ、年を取ったら孫に運転してもらって、そいで山を見れるようになってなあ」

「でも、今もご自分で運転なさってるし、今日はお孫さんを荷台に乗せてるじゃないですか」

「ははは。まあな、道がなければ外国とは勝負にならん。そういうことでよぉ、毎年毎年つけた。そりゃあ本気やったけなあ、その当時は」

「本気、ですか」

「そりゃあ、なんぞかんぞとブロー（ブローカー）が誘惑してきたわいなあ。アパートをせい（建てろ）、3棟したら1棟は税金の支払いに充てて、2棟分は現金が毎月《めえつき》入《へえ》るじゃけえな、3棟せいせいと言うてきたけんど、そげえことはせんわい、うら（自分）は山をするわいな言うて、そいで迷わず山ばっかりした」

「山を増やして、木を植えたり、道をつけたりして」

「そうそう。よーし、ここじゃ。おーい（荷台のふたりに停車を知らせる）」

写真 p-3　赤堀家の主力山林のひとつ、オコ谷。

少しずつ間引いて大木の山に

オコ谷は、もともと明治時代半ばに地元の集落が土地管理組合をつくって地上権を設定したところで、赤堀家は昭和8年に権利込みで土地を購入したのだという。その中には、千代蔵氏が自ら苗木を植えて地上権を得ていた林分も含まれていた。当時はまだ小さかったスギの木は、その後、赤堀家の人たちによって丁寧に育てられ、現在は90年生の堂々たる大木の森を形成している（写真p-3）。さらに、洞爺丸台風（昭和29年）で被害を受けた後に植栽したという60年生ほどの立派なスギも立ち並ぶ。

植え付けの密度は4000本／haと、一般的な3000本／haよりは厚めに植えた。密度が薄いと、上に伸びるより横太りして、上が細くて下が太い「ラッパ木」と呼ばれる不格好な形になりやすい。それを避けるために厚めに植え、間伐や枝打ちで成長をコントロールしながら、すっきりと伸びが良く、年輪が均一な木になるように育ててきた。そのように手塩にかけて育てられた90年生の大木が、ほどよい間隔で整然と立ち並んでいるのを眺めていると、すがすがしい気分になってくる。ダンプを止めたところから50ｍほど上がった林内では、辰雄さんと宗範さんが何やら語り合っている。孫に伝えたいこと、祖父に尋ねたいことがそれぞれあるのだろう。こんなふうに山は受け継がれていくのだなと思った。

「だいたい良い具合に間引いているでしょ」と完治さんが声をかけてくる。

「ええ、きれいですよねえ」

「ぼちぼち大木にもっていきたいんだけどね」

これでも十分に大木だと思うが、完治さんはもっと先を見据える。これまで育ててきた木が、この先も育ち続けることに微塵も疑いを抱いていない。

「これだけ空間が空いてるし、大きくなってくれるといいなと思ってね。まだまだ成長してくれますからね」

現在、赤堀家では皆伐は行なわず、木材を生産するのはすべて間伐で行なっている。それも、林相を見ながら１本、２本と薄く抜く。毎年、同じところで少しずつ間伐するのである。一般的な間伐では、立っている木の何割かをまとめて伐採して密度を薄くし、次にその現場に入るのは何年か後といった手法をとることが多い。間伐補助金の制度も、それが前提になっていて、しかも、間伐材の搬出量が増えるほど補助金が増える仕組みになっているため、伐る量がどうしても多くなる。しかし、赤堀家のやり方は異なり、１回に間伐する量が少ないため、補助金も多くは入らない。

伐り旬を守り、スギは葉枯らし乾燥

伐る時期は、秋口から春先が中心で、虫がついたりカビが生えたりしやすい梅雨時は避ける。成長が旺盛で、皮が剝《む》けやすい初夏も伐らない。この時期に無理に間伐すると、間伐した木が倒れる際に、残すべき木を傷つけてしまう可能性が高い。幹をかわして倒すことができても、枝までかわすのは難しい。倒れる木に枝が払われれば、枝の根元がめくれて傷がつく恐れがある。傷がつけば腐れが生じ、木の価値が失われる。それでは何のために間伐しているのか、わからなくなる。

スギの場合、ある程度の大きさ以上になった木は、伐倒後に枝葉を付けたまま林内に寝かせて乾燥させる「葉枯らし乾燥」を施す。期間は3カ月から半年ほど。乾いて軽くなれば扱いが楽だし、スギは葉枯らしを行なうと色艶も良くなる。伐るのに適した時期にまとめて伐り、葉枯らしをしておけば、林内に在庫を持つことにもなる。梅雨時などの伐倒に適さない時期でも、丸太を出荷して収入を得ることができる。

「こういう木を生で出したら、もったいないですよ。葉枯らしして色を良くしてから出さないと、木に対して申し訳ないですよ」と完治さんは周囲を見渡しながら言う。「ここは昭和28年に枝打ちをしてありますのでね、その外側は全部無節《むぶし》ですわ」と目を細める。その木をこれから、さらに太らせようというのだから、価値はいっそう高まるだろう。完治さんも「これから、もっと材価が上がる可能性があるんです」と期待を寄せる。

生産した丸太は、町内にただひとつある原木市場、石谷林業智頭支店に出荷する。同市場は、毎月3回の市を開催しており、赤堀家は基本的に毎回出荷する。その売上で生計を立てているのである。

高値を狙える春と秋の記念市

このオコ谷のほかに、赤堀家の主な林地としては高尾と池ノ谷《いけんたに》がある。辰雄さんによると、高尾にはかつて目通り（目の高さの外周）が2mほどもあるスギやヒノキがあったのだが、昭和の初めに伐採し、その売上を林地の購入資金に充てたのだという。

「そりゃあ、大きな木があったわいな。（目通りが）6尺も7尺もある木があって、そいつをうらが小学校の折りに皆伐してな、あそこあたり（オコ谷）を買うたわけじゃ」

このほかに、目通りが3mにも達するヒノキの大木が3本あり、それは伐らずに残しておいたのだが、戦時中に供出させられてしまったそうだ。

一方、池ノ谷は自宅の裏山と言っていいくらい、ほど近いところにある山で、ここには元禄年間に植栽されたというスギの大木がある。池ノ谷では江戸時代に砂鉄が採れ、それでだいぶ潤った時期もあったらしい。その儲けで植林した木が育ち、いま残っている大木になったのだと辰雄さんは説明する。ここも戦時中に、やはり供出の憂き目にあったが、すべて伐り尽くされる前に終戦を迎え、かろうじて何本かが残った。その後、林道に橋を架ける費用をつくるために2本伐り、今残っているスギの大木は3本。そこは池ノ谷のやや高いところで、周囲の若い木々を見下ろすように3本は仲良く並んで立っている。

このように、赤堀家では江戸時代にも植林を行なっていたわけだが、それはほんの一部に過ぎず、ほとんどの山は雑木林のままで薪炭用に活用していた。その雑木を伐採して本格的に造林を始めたのが千代蔵氏の代からで、池ノ谷には１００年生ほどになるヒノキの見事な群落がある。

じつは、これまで赤堀家には何度か足を運び、山を見せてもらい、さまざまな話を聞かせてもらっているが、実際に作業しているところを見せてもらったことはなかった。一度、作業の様子を取材させてほしいと頼むと、完治さんは、池ノ谷のヒノキを伐採し、市場に出荷するまでの一部始終を見せてくれるという。願ってもないことと胸を高鳴らせ、指定された平成26年10月19日に赤堀家を訪ねた。翌日の20日には、石谷林業の秋の記念市[3]が開かれることになっており、それに合わせて作業の段取りをつけてくれたのである。

スギと違って、ヒノキは葉枯らしの効果はほとんどないとされる。だから赤堀家でも、こうして市の開催

(3) 原木市場の記念市：各地の市場では、年に何度か「記念市」と呼ぶ催し市を開催する。特に春と秋には大型の記念市が開催され、出荷者はそれに合わせてとっておきの原木を出品する。それを狙って、市には各地から大勢の買方が集まって賑い、相場も高めになるケースが多い。

に合わせて伐採し、すぐに運び出して出品するのが常だ。すでにこの日の午前中までに、あらかたの材は市場への出荷を終えており、午後から私のために残しておいてくれた95年生のヒノキ1本を伐採してくれるという。

この池ノ谷の高樹齢のヒノキについては、高値での販売が期待できる春と秋の記念市にしか出荷しない。これから伐採しようという木は、目通りが4尺3寸（約130㎝）あるといい、円周率で計算すると直径は41㎝ほどになる。それで95年生ということは、20・5㎝の半径に95個の年輪が詰まっているわけだから、平均の年輪幅は2・2㎜ほどとなる。もちろん、枝打ちもきっちり行なってあるから、この木を製材したら、目のよく詰まった、きれいな材が採れるだろう。大型記念市に出品するのにふさわしい逸材なのである。

山仕事はいつも夫婦で

現場は、林道から小高い尾根に向かって少し上った中腹あたりで、傾斜はそれほどきつくない。伐るのは完治さんで、澄江さんが傍らでサポートに付く。ふたりは特に声を掛け合うこともなく、当たり前のようにそれぞれの配置につく。澄江さんは、いつの間にか完治さんの腰袋からヨキ（手斧）と矢を抜き取っている。いつも、このようにして夫婦で仕事をしているのだな、ということがわかる。

現場には辰雄さんも来ていて、林道から作業を見守っている。澄江さんがよく通る声で「おじいちゃん、そこの分かれ道のとこらへんに向けて倒すんだって」と注意を促す。「おう」と辰雄さんは返事をしてみせるが、どうやら見ているだけでは物足りず、自分も作業したくて仕方がないらしい。実際、しっかり準備もしてきていて、完治さんによると、今日は自分のチェーンソーを携えて現場に来ているのだという。

「おとうさん、気合い入ってるな。チェーンソー、2台も持って来とる」

「あー、そうなんや」と澄江さんは面白そうに答える。

「自分でするつもりじゃろ」

「枝払いするつもりなんやな」

完治さんがこちらを見て、「自分がしたくてたまらんのですわ」と目じりを下げて言う。下からはチェーンソーのエンジン音も聞こえてきた。

「エンジンかけて待っとるわ」

「まあ、これで5歳くらいは若返ったかもしれん。あはは」と澄江さんは快活そのものである。完治さんも私も、つられて笑ってしまった。カラッとした良い気分だ。

そんなふうに言葉を交わすうちに、完治さんは伐倒方向を確かめ、足場を決めると、チェーンソーを始動させ、受け口を切り始める。受け口を切り終えると、そこから木の芯に向けてチェーンソーの刃を直角に差し入れ、木の芯の部分を断つ。「ふつうは山側に倒すんやけど、今日は谷側に倒すので、絶対に裂けないように芯を抜いておきます」と説明する。林道のある谷側に倒せば、後の作業は楽だろう。ふと、取材にやってきた自分に遅滞なく作業を見せるためにそうしてくれるのかと、すまないような気持ちが湧いたが、プロのすることをあれこれ斟酌《しんしゃく》するのはやめることにした。それに谷側といっても、傾斜がそれほどきついわけでもない。

完治さんが追い口を切り始めると、澄江さんはそのすぐ後ろに立ち、頃合いを見て切り口に矢を差し込み、ヨキをハンマーのように使って打ち込む（写真p‐4）。5回ほど叩いたところで梢を見上げる澄江さんの目線を追うと、そろそろ傾き始めようとしているように見える。澄江さんは、もう矢を打たない。そのすぐ後、ついに追い口が開き、きしむような音を立てながら傾き始め、95年間この場所に立ち続けてきた大木は、地響きを立てて倒れ込んだ。

「普通はもっと力を入れて、矢をがんがん打つんです。けど、谷側に倒すときにあんまり打つと倒れるスピードが早くなるから、倒れることが確認できたら、もう矢は

写真p-4　長年、一緒に山仕事をしてきた完治さんと澄江さんは、伐倒作業の息もぴったり。

打たんのです」と澄江さんが説明する。95年生の大木が倒れるところをすぐそばで見て、こちらは気持ちが高ぶっていたのだが、澄江さんの口調は落ち着き払っている。

伐倒より手間がかかる枝払い

林道からユンボのエンジン音がする。伐り倒した木を、処理しやすい位置に辰雄さんが移動させようとしているのである。それを見た澄江さんは、「ちょいとおじいちゃん、ダンプが先に出んと（丸太を）載せれんでな」と声をかけて、林道に降りていく。辰雄さんは「お、そうか」という顔をして、ユンボを元の位置に戻す。澄江さんがダンプに乗り込み、ユンボより少し先まで移動させて停める。

一方、完治さんは、いったんスイッチを切ったチェーンソーをまた始動させ、枝払いの作業を始めている。じつは、この枝払いが大変で、きれいな丸太にするためには枝を幹に沿ってきちんと切り落とさなければならないし、だいいち、95年生の大木ともなると枝の太さは相当なものになり、その数も多い。しかも地面に突き立った枝にはテンションがかかっていて、下手な切り方をしようものなら、チェーンソーの刃が挟まれたり、丸太が思わぬ方向に傾いたりするので、まったく気を抜けない。

完治さんはさすがに手慣れたもので、チェーンソーのエンジンを短くふかしながら、1本ずつ着実に枝を払っていく。ダンプを動かした澄江さんも戻り、完治さんが切り落とした枝を除けたり、鉈《なた》で短く断ったりして手伝う。ユンボから降りた辰雄さんがチェーンソーを手にして林道端まで来たが、完治さんと澄江さんの作業は梢近くにまで迫っていて、どうやら出番はありそうもない。少し残念そうな面持ちで、辰雄さんはチェーンソーを地面に置き、ふたりの作業を見つめる。

枝払いを終えて林道に上がってきた完治さんは、額に汗をしたたらせている。「枝を払うのには時間がかかるんですわ。伐るのは5分もかからないのに」

この現場で私はレコーダーを回し続けていたので、図らずも伐倒と枝払いにかかった時間を後から確認することができた。伐倒作業のほうは、受け口を掘るのも追い口を切るのもそれぞれ1分少々しかかからなかったのだが、枝払いのほうは、すべての枝を払うまでに12分ほどもかかっていた。もちろん、倒すのが谷側でなく山側だったとしたら、伐倒にも、もう少し時間がかかっただろうが、単純に時間を比べるだけでも、枝払いという作業がいかに手間を要するかがわかる。

最近は、この作業をプロセッサやハーベスタといった大型機械で行なうケースが増えていて、それは明らかに時間短縮になるし、安全性も高まる。だが、そうした機械は価格が1000万円単位と非常に高額になる。個人の林家がそれほどの投資をするのは大変で、完治さんたちの作業を機械との比較で云々するのは適切ではない。また、機械は枝をこそげ落とすように払うので、樹皮も一緒にめくれてしまうことがある。銘木クラスの木になると、見栄えの良し悪しが買い手の心理に影響する可能性は否定できない。だから、高樹齢の木を持つ林家ほど、手作業にこだわる傾向がある（太い木になると機械も使えなくなる）。

造材は商品をつくる大事な作業

枝を払い終わると、今度は丸太に切り分ける造材（「玉切り」ともいう）作業である。どの部分で切るかによって、長さはもちろん、太さも変わってくる。林家にとって丸太は商品である。造材は商品をつくる大事な作業なのである。この作業にもプロセッサやハーベスタが最近はよく使われるが、より品質の高い丸太をつくるためにと、これは個人の林家だけでなく、森林組合や林業会社でも機械任せにはしないところが少なからずある。

造材も、完治さんと澄江さんはふたりで行なう。伐り倒した木に回しかけたスリング（吊り紐）をユンボのバケット（先端のショベルの部分）にかけて木を持ち上

写真 p-5　造材作業も夫婦ふたり。メジャーの端と端を持ち、木の形状を見定めながら長さを測り、切る位置を決める。

げ、ふたりでメジャーの端と端を持って、木の形状を見定めながら長さを測って切る位置を決める（写真p－5）。

「ここ、測って。3メ（「3m」の意）」と完治さんが指示し、「うん、3メ10（3m10㎝）」と澄江さんが受け、「カンッ、カンッ」と鉈で幹に印をつける。そこを完治さんがチェーンソーで切る（「10㎝」は「余尺」あるいは「伸び寸」と呼ばれるもので、丸太は所定の長さより少し長めに切られているのが普通だ。一般的には数㎝から10㎝程度だが、30～40㎝もの余尺が付けられる場合もある。材積を計算する際には余尺は考慮されない）。

次はどこで切るか。完治さんが「ここで曲がっとるな」とメジャーを当てて「3メ」と言うのに澄江さんは「うーん、そうだな。ここで曲がっとるな」とうなずきつつ、「けど、あんた、4メのほうが。そこより、もう1m向こうのほうがまっすぐかもしれん。ここから見たほうがよう見えるかもしれん」と、やんわりと反論する。しかし、結局、完治さんの言う通り「3メ」の丸太に造材することに落ち着く。

こうした作業を繰り返して、最終的には上のほうから3m材を5本採り、一番元の部分（「元玉《もとだま》」という）は5mの丸太に仕立てた。

「ウチは枝下（一番下の枝から根元までの部分。節が少なく、良材が採れる）をどう造材するかっていうのを常に考えていて、3mや4mの丸太はよくあるので、ここの部分（元玉）は変わった造材をするんです」と澄江さんが説明する。

それを引き取って完治さんが「4m材は、もっと大きな（目通りが）6尺、7尺、8尺くらいの木が市場に出とって、この木くらいだったら普通の大きさにしか見られんのです。だから、5mとか6mや7mに切る。そうすると特殊材になって、ちょっと手入れしとった木なら高ういくかなと思って」と、さらに詳しく造材の狙いを解説してくれる。

澄江さんは、さも面白そうに「ウチは、とにかく変わった造材をするのがいつものパターンで、あはははは」と笑ってみせ、「今日の午前に出したのも、曲がっていたけれど、7mで出しました。2番玉（根元から2番目の丸太）だけど。元（根元に一番近いところで採った丸太）は3mで出しました」と付け加える（写真p‐6）。

その語尾を遮るように完治さんは、「曲がっとると言っても、まっすぐじゃったぞ。そう言うなや」と口をとがらせて澄江さんを叱る。

澄江さんは肩をすくめるようなそぶりをしながら、「あはは。とにかくそういうことです。結局、手入れをした部分を評価してもらいたいということです」と、造材の狙いを短くまとめてみせた。

林道があれば1本ずつお金にできる

造材した丸太をユンボでダンプの荷台に積み込み、崩れ落ちないようにワイヤーで固定する（写真p‐7）。市場に出す前に、いったん赤堀家の家まで引き上げることになった。澄江さんが運転席に乗り込み、私も促されて助手席に座る。辰雄さんと完治さんは、歩いて家に戻るようだ。

この池ノ谷の林道も、やはり昭和35年ごろから開設したものだという。ハンドルを握り、ダンプを走らせながら、澄江さんはオコ谷で辰雄さんが言っていたのと同じような話をしてくれた。

「そのころは鉄索を張って出すのが普通で、『道をつけるぅ？』って、いろんな人に相当言われたんですよ。けどまあ、車が入るようになって、ウチみたいな小面積でも林業をやってこれたのは、こういうことだったんじゃないかと思うんです。道があれば、いつでも（丸太を出材して）収入につなげられる。なので、当時はちょっと物議

写真 p-6　山でも家でも、澄江さんは常に明るい。

写真 p-7　造材した丸太をユンボでダンプの荷台に積み込み、ワイヤーで固定する。伐倒から一連の作業は遅滞なく進む。

をかもしれんけど、林業としては正解だったんだろうな」

「いま、自伐で食べている人のところは、たいがい、ちゃんと道が入ってますものね」

「そうじゃないと1本ずつお金にすることができないです。私も去年の5月からダンプの運転手になりましたので」

「もうバリバリですか？」

「もう慣れました。1年経ったから」

じつは前年の春に完治さんが体調を崩したことがあり、それ以来、山仕事は普通にやるものの、車の運転は控えるようにしている。そのため、現場から丸太を出したり、市場に出荷したりする際のダンプの運転は、澄江さんがほぼひとりで担当するようになった（平成27年春からは宗範さんも担っている）のだが、最初のうちは林道を運転するのがかなり難儀だったらしい。

「アスファルト道路みたいに平らじゃないでしょ。しかも丸太をたくさん積んでるし。だから最初は、ああ、私もとうとうここで引っくり返るのかって思ったけど、ユンボで道を直したんです。極力良くしようと思って。だから、昔に比べたら、ちょおっとグレードアップ。楠雄さんは、あちこち見とられるから、こんな道なんてと思うだろうけど、私にしたら、だいぶようなった、立派なええ道になったと思って運転してる。それと慣れるのと両方で、今は気になりません。まあなあ、こんなボロダンプに木を積んで運転してると、『お、赤堀のダンプだ』って、みんなが手を挙げてくれます。こっちも手を挙げ返すんですけど、『おっと、あれ、いま誰だった？』みたいにわからないことも多いんですけどね。あははは」

翌日の市では、元玉の5m材（末口《すえくち》径(4)32㎝）は8万円／㎥、午前中に出したという7m材（末口径38㎝）は16万円／㎥でそれぞれ競り落とされた。完治さんは、5m材について

写真 p-8　石谷林業智頭支店の記念市。完治さん（右端）も相場の行方を見守る。

(4)　末口：丸太の梢側の切断面のこと。

は「こんなもん」と冷静に受け止めていたが、７ｍ材は「12～13万円かと思っていたので、予想よりもよかった」と顔をほころばせた（写真ｐ‐８）。

今回の市に赤堀家が出品した丸太は合計21㎥。市場に手数料を支払った後の手取り収入は55万円であった。ふだんの市だと、その半分もいかないことが多いそうだが、今回は大型記念市とあって、ヒノキの高齢木を４本伐採し、それらの元玉だけで30万円の売上になったのだという。

「やっぱりヒノキが中心だったからな。スギだと、こうはいかん」

澄江さんも「よかったな」と相好《そうごう》を崩す。だが、完治さんは、すぐに気持ちを切り替えて先を見据える。

「特別市で稼いどかんといかんから。まあ、やっと一息ですわ。この調子で頑張らんといかん。また10日後には市がありますから」

専業林家を直撃する木材価格の下落

じつは現在、赤堀家の林業経営は転機を迎えようとしている。

前述したように、赤堀家では同じ現場で毎年少しずつ間伐を行ないながら山づくりを進めてきた。そのやり方を多少変えようかという議論が家の中で始まっている。

「これまではね、ちょっとずつ抜いていってバランスさせてきたんだけど、宗範はもっと伐れって言うんです」と完治さんが言うので、「それはもう少し空かせてもいいということ？」と宗範さんに尋ねてみた（写真ｐ‐９）。

「ぜんぜん空かせてないところもあるので、もう少し空かせてもええかなと思うんですよ」

「そのほうが補助金も使えるし、もうちょっと伐ったらええじゃないかと言うので、今年は伐ろうかなと思ったんだけど、山に行ったらよう伐らんじゃが。ええ木を残したい

写真 p-9　赤堀家の次代を担う宗範さん。

という気がな、そっちのほうが先に立って」と、完治さんにはためらいもあるようだ。宗範さんは、なぜもっと伐ろうと言うのだろう。

「これまでのおじいちゃんとおとうさんのやり方は、毎年毎年山に入って、少しずつ手入れを進めるというやり方だったんですけど、僕がいま思っているのは、家の山を整備しつつも、ほかの人の山もやりたいと思っているんです。おじいちゃんとおとうさんが3年間にやる分の仕事を1年にまとめて、1回入ったらある程度の期間はそっとしておいて、また時期が来たら入るというやり方に切り替えてみようかなと考えているところです」

「それは空いた時間に、ほかの人の山の作業を請け負うということ?」

「そうです」

完治さんが引き取って説明を加える。

「これまでは材価が高かったから、自分の家の山の木を伐って食べてこれたけど、今みたいに木が安くなってしまうと、伐る量を増やしたり、(高く売れる)大きな木から伐ったりしなければいけなくなるんです。だから、ほかの人の山も管理させてもらって、別の収入も得ようということです」

木材価格の下落。このことは赤堀家のような専業林家の経営を直撃している。自家山林から伐り出した木材の販売収入で生計を立てている専業林家の場合、価格の下落はすなわち収入の減少を意味する。完治さんは「20年くらい前までと比べると、スギもヒノキも3分の1とか、5分の1くらいにも値下がりした」と言う。

実際、私が昭和63年に木材専門の業界新聞社に入ったころ、一般的な品質の丸太でもスギは2万〜2万5000円、ヒノキは5万〜6万円ほどの価格で売れていた(価格は1㎥当たり。以下同じ)。今は、スギは1万円前後、ヒノキは1万2000〜1万7000円程度となっていて、質の高い銘木クラスの丸太なら、さらに値下がり幅は大きい。完治さんが3分の1、あるいは5分の1というのは、けっしておおげさな表現ではない。

伐採量を増やさざるを得ない現実

価格が下がれば収入が減る。一方、日々の費《つい》えは同じようにかかるのだから、そのままでは食べていけなくなってしまう。では、どうするか。赤堀家のような専業林家ができる対策はひとつしかない。それは生産量を増やすことである。

赤堀家は、月に3回開かれる町内の原木市場の市に毎回木材を出品し、その売上を家計に充てている。つまり、おおむね10日のサイクルで仕事を回していることになるが、完治さんによると、20年前までは次の市が来るまでの10日間に何をしていたかというと、木材生産よりも育林に時間をかけていた感覚があったという。

「あのころは10日のうち、木を出す仕事は2、3日くらいしかやっていなかったように思います。あとはずっと育林をしてたんです。ところが今は、木も大きくなったから育林の仕事が減ったこともあるけど、10日間ずっと木を出すことばかりやってるんです。そうしないと食べていけません」

「つまり、価格が下がった分を、生産量を増やすことでカバーしているわけですね」

「そうです」

「実際、どのくらい増えたんでしょうか」

「前は年間150㎥から200㎥くらいしか伐ってなかったんじゃないかな。でも今は300~350㎥は伐ってます。これを400㎥だ500㎥だと増やしていったら、伐り過ぎになるでしょうね」

じつは私は10年前の平成16年に赤堀家を初めて訪ねたときに、辰雄さんから同じことを聞かされていた。そのとき、私は「林業の危機とは何か」と尋ね、それに辰雄さんは「町の人は木を売って食べていると聞くとうらやましがるじゃろうが、今は木が安くなってしまって成長量以上伐らざるをえん。これが危機じゃ。

取り返しがつかん」と強い口調で答えてくれた。

赤堀家の山林の成長量と生産量のバランスが実際にどうなっているのか、正確なところはわからない。だが、林地を少しずつ増やして、木を植え育てることに心血を注いで林家としての基盤をつくってきた赤堀家の人たちにしてみれば、育林よりも生産により多くの時間を割かなければならない現状は、けっして好ましいものではない。

「ウチは自伐だから、労賃分の収入にはなりますけどね。でもプレミアムというか、甘いところはなくなっています」と完治さんは説明する。赤堀家は自伐林家だから、丸太の売上はすべて自家の収入になる。伐採作業を他人に委託する場合には売上から経費が差し引かれるが、自伐林家なら経費分も含めて自家の収入にできるのである。だから、価格が下がっても何とか収入は確保できるし、生産量を増やすことで値下がり分をカバーすることもできる。だが、それで資源が目減りしていくようでは、長期的に見て経営が先細りになることは避けられない。

では、どうするか。赤堀家の次代を担う宗範さんが描く青写真が、他家から山林経営の委託を受けることにより、自家山林以外からも収入を得られるようにしようという方策だ。自家山林での経営手法は、1回にある程度まとまった間伐を行なうようにして、補助金も活用しやすいようにする。(5) 一方、余った時間を活用して、ほかの林家から山林管理の委託を受けたり、作業を請け負ったりして新たな収入の途を開くことにより、自家の伐採量を増やさずに、経営を安定させようというのである。それを宗範さんは、同年輩のほかの自伐林家と共同で行なうことを計画している。

「町内の仲間とそういう組織を立ち上げて、山仕事を請け負うわけです。それと、智頭でも手入れ不足の山がいっぱいあるので、それをどうにかしたいという思いもあります。自分の家の山だけでなくて、ほかの山の整備も進めて、林業をどんどん元気にしていきたいんですよ」

(5) 間伐補助金を利用した林分で、次にまた間伐を行なって補助金を得ようとすれば、5年の期間を空けなければならない。さらに間伐材の搬出量が多くなるほど補助金額も増える。

現場に足を運び、造林一本の人生

赤堀家の人たちは、基本的にとても明るく、価格が下がっていることに対して残念な気持ちはあるものの、それでふさぎ込むようなことはない。私は何度か家にも泊めてもらっていて、夕食時には一献傾けながら、よもやま話に花が咲く。話題は、昭和林業史のようなことから、ほかの林家の消息、他産地の動向や昨今の林業情勢等々、山や木にまつわることから、日々の暮らしに関することなど、縦横に広がって尽きることがない。90歳を超えた辰雄さんも、愛用している電気式の熱燗器で温めた酒をうまそうに飲み、こちらにも勧め、常に話の輪に加わって楽しげに時を過ごす。

辰雄さんの奥さんの伊都子さんが時折り話してくれる、林家の嫁としての思い出話も、昭和を通じた山間地の暮らしが垣間見えて興味深い。「朝、川で顔を洗うときに、寝坊でもすると『あそこの嫁はだらしがない』なんて思われてしまいますよね。でも、この家は集落の一番奥にあるので、ほかの家の人にはわからないんですよ。助かりました」と、にこやかに話してくれるのを聞いていると、何とも温かな心持ちになる。

戦後、一家を挙げて熱心に植林していたころは、伊都子さんは現場に苗木を運び上げる役割を担い、山のふもとから現場まで、苗木を担いで急坂を何度も登ったという。

「背負子で負うて上がりましたが、それがえらくてねえ」

「現場まで、どのくらいの時間がかかったんですか」

「さあ、忘れてしまいましたが、県境のとこまで上がりました。そこからは鳥取の海が見えました」

苗木を植え付けた後の下刈り作業には、伊都子さんも参加した。最初は鎌。エンジン付きの刈払機が出てからは、それも使いこなした。急な現場では、左手で立ち木をつかんで体を支え、右手1本で刈払機を振るって草を刈ることもあったという。

そうやって現場にも足を運び、作業にもいそしんできた伊都子さんは、山づくりに打ち込む辰雄さんの姿を誰よりも間近に見続けてきた。

「主人は造林一本、スギづくり一本に打ち込みました。とっても精出しました。あのころは一緒に資本を出して縫製工場をしようとか、そんな誘いが再々あったですが、主人はそういう誘いにはいっさい乗らずにスギづくりをしてきました。だから『おじいちゃん、あんたはえらかったなあ、いいことしんさって、よかったなあ』って褒めてあげるんです」

豊かな山の暮らしを守りたくて

この家の人たちは、本当にここの暮らしが好きで、林業に思いを込めて、大切に木を育ててきたのである（写真p－10）。完治さんは、家族の思いをこう代弁する。

「木が高く売れた時代は、立木《りゅうぼく》を売るだけで儲けて、刺身を食べて遊びに行ってという人がいっぱいいたけど、そういう生活は長続きしないと僕は思ってたからね。自分で山に入って手入れをして、木を出していうことが生活としてなじんだ人しか生き残れないと思ってたから、山に道をつけて、機械を買って、自分でやればやっていけるだろうってね。

それにね、住む家があるから家賃も要らんし、米も自分でつくった米だから安心して食べられるし、野菜もつくれるし、そういう自給自足の生活ができる基盤がね、ここで林業をやっている限りは保証されているという思いがね、あるんです。でね、誰も文句は言わんでしょ。そういう意味では、文句を言われん仕事があるからね、うれしいなと思ってね、そういうことですわ」

その完治さんは、先ごろ出かけてきた中学の同窓会で、友人たちから、そうした生き方を褒めそやされたのだと、うれしそうに話す。「林業をやってるって言ったら、みんなから、おだてられて褒められて、こらあ、ごっつう天職やなと思ってね」

「それで、おとうさん、うれしくなってしまって。あははは」と澄江さんは面白そうに持ち上げる。

そして、このふたりにとって何よりもうれしいのが、息子の宗範さんの成長ぶりだ。

「宗範から言わせたら、おとうもおかあも安全感覚がなってない、もっと気を付けろーって、いっつも叱られてるんです。なあ」と澄江さんから同意を求められた完治さんは、「まあでもな、息子に叱られるくらい幸せなことはないと思う。ぼろくそに言われても、僕は黙って耐えとるけえな。良い息子ができたと思うてな。そういう意味では、良い子育てをしたかなと思うてな。自己満足してるけどな」とうれしそうに話す。そして「澄江にも道づくりでぼろくそに言われるけえ、僕は使われもんで。でも、それが家庭円満の秘訣じゃと思うてる」と付け加えるのである。

この家の人たち、こうした林家の人たちに、いつまでも林業を続けてほしいと、私はこの家族を訪ねるたびに、そう思う。それが可能になるためには、何が必要なのか。その手掛かりを少しでも見出したいと常に思いながら、林業や木材産業、木材マーケットの動向を取材しているのである。

本書では、赤堀家のような林家のことを常に思い浮かべながら、林業の現状や望ましいマーケットのあり方を考えていきたい。

写真 p-10　茅葺屋根の自宅の前で。左から、澄江さん、伊都子さん、宗範さん、筆者、辰雄さん、完治さん。自宅は、所有林の木を使って昭和５年に建てた。次の葺き替えに備え、今も毎年、茅を刈って乾かし、納屋の２階に保管している。

第1章

木の価値を高めて林業を元気にする

❶ 林業は「ソート」を担えるか

人と森が疎遠になった「森林国」

林業は、よく子育てに例えられる。苗木を植え付け、夏の暑い盛りに下草を刈り、雪で倒れれば縄をかけて起こし、除伐や間伐、枝打ちを行ない、何十年、あるいは100年以上もかけて、林家は木を育てる。精魂込めて育て上げた木を伐採して販売するとき、「嫁に出す」という表現が使われることがある。それは、その木の成長を長く見守ってきた心情が、自然に吐露されたものだと言えるだろう。

「里山」と呼ばれる天然林でも、人は木と身近な関係を結んで、適切な利用を続けてきた。木々の成長を見守り、利用に適した大きさに育ったものだけを伐り、永続的なサイクルの中で木を利用し続けてきた。それは、里山の木を絶やしてしまえば、自らの暮らしが成り立たなくなることを知っていたからにほかならない。

だが、今の日本で、人が木とそのような関係をつくっているケースがどれだけあるだろうか。日本の森の4割は、人が植えた人工林である。しかし、植えた後の手入れは、必ずしも十分ではない。特に戦後の拡大造林で植えられたスギやヒノキの森では、間伐や枝打ちといった手入れがろくに行なわれていないケースが少なからずある。残り6割の広葉樹を中心とする天然林でも、かつて盛んに利用されていた里山は、ほとんどが放置された状態である。

国土の約7割が森に覆われている日本は、世界でも有数の「森林国」だと言われる。だが、その実態は、ただ木が生えているだけで、手入れも利用も滞った、人との関係が希薄な森が多く広がっているのが実情なのである。

利用可能な森林資源は増えている

資源量としては、日本の森はかつてないほど充実してきている。平成27年度の森林林業白書によると、森林の総蓄積量は49億㎥（平成24年3月末時点）にもなり、毎年利用（伐採）しているほかに、年間1億㎥も資源量が増えているという。それに対して、現在の年間利用量（生産量）は2000万㎥程度（平成27年実績は2492万㎥。燃料材とシイタケ原木を除いた用材利用量は2180万㎥＝表1－1）にとどまっているため、供給余力はかなりあるとされている。

ただし、蓄積量は立木材積であり、利用量は丸太材積なので、両者を突き合わせて供給可能性を論じる際は、立木から丸太への利用歩留まりを考慮する必要がある。それなのに、最近、このことに留意せず、立木材積である資源量と丸太材積である利用量が単純比較されるケースが多い。

よく聞かれるのが、現在、日本の年間木材需要量は7000万㎥程度であり（平成27年実績は7516万㎥。燃料材とシイタケ原木を除いた用材需要量は7088万㎥＝表1－1）、前述したように年間の資源増加量は1億㎥であるから、資源を減らさずに需要のすべてを国産材でまかなうことができるという主張だ。

だが、立木から丸太への歩留まりが仮に6割[1]だとすると、成長量のうち丸太として利用できる量は1億㎥ではなく、6000万㎥ということになるから、ボリューム感がかなり違ってくる。毎年、伐採され、利用されている2000万㎥に6000万㎥を加えると8000万㎥となるから、数字の上では、確かに需要を上回る供給力があるように見えるが、それにしても、わずかに上回っているに過ぎない。本当にそれだけの量を「資源を減らさずに」供給できるのかどうか、慎重に判断する必要がある。

じつは、国内の森林資源に関するデータについては、将来にわたって利用し続けることが可能かどうか疑わしい奥地林も資源としてカウントされていることや、ベースになっている森林簿自体が必ずしも実態を反

(1) 丸太利用歩留まり：一般的には6割程度と言われているが、立木の形状や生産方式によって当然変わってくる。曲がりや腐れなどの欠点がある部分を外して丸太をつくれば、その分、材積が減るので歩留まりは低くなる。逆に、そうした欠点に頓着せずに丸太をつくれば、材積は増え、歩留まりが高くなる。ただし、欠点がある丸太は価格が安くなるため、量は増えても丸太の単価は抑えられてしまう。

表 1-1　木材自給率の動向（単位＝1,000㎥）

区　分		平成 27 年(2015)	平成 26 年(2014)	平成 25 年(2013)	平成 24 年(2012)	平成 23 年(2011)
製材用材	国内生産	12,004	12,211	12,058	11,321	11,492
	輸　入	13,354	13,928	16,534	14,732	15,142
	総需要量	25,358	26,139	28,592	26,053	26,634
	自給率（%）	47.3	46.7	42.2	43.5	43.1
パルプ・チップ用材	国内生産	5,202	5,047	5,177	5,309	4,914
	輸　入	26,581	26,386	25,176	25,702	27,150
	総需要量	31,783	31,433	30,353	31,010	32,064
	自給率（%）	16.4	16.1	17.1	17.1	15.3
合板用材	国内生産	3,530	3,346	3,255	2,602	2,524
	輸　入	6,384	7,798	7,977	7,692	8,039
	総需要量	9,914	11,144	11,232	10,294	10,563
	自給率（%）	35.6	30.0	29.0	25.3	23.9
その他	国内生産	1,061	889	627	454	438
	輸　入	2,767	2,942	3,063	2,821	3,026
	総需要量	3,828	3,830	3,690	3,275	3,464
	自給率（%）	27.7	23.2	17.0	13.9	12.6
合　計	国内生産	21,797	21,492	21,117	19,686	19,367
	輸　入	49,086	51,054	52,750	50,947	53,358
	総需要量	70,883	72,547	73,867	70,633	72,725
	自給率（%）	30.8	29.6	28.6	27.9	26.6
シイタケ原木	国内生産	315	313	388		
	輸　入	0	0	0		
	総需要量	315	313	388		
	自給率（%）	100.0	100.0	100.0		
燃料材	国内生産	2,806	1,843	230		
	輸　入	1,156	1,098	974		
	総需要量	3,962	2,940	1,204		
	自給率（%）	70.8	62.7	19.1		
総　計	国内生産	24,918	23,647	21,735		
	輸　入	50,242	52,152	53,724		
	総需要量	75,160	75,799	75,459		
	自給率（%）	33.2	31.2	28.8		

資料：林野庁「木材需給表」
＊平成 25 年以降の合板用材には LVL を含む。

現在、木材の自給率は 30％程度にまで回復している。アイテム別では、製材用材の自給率が 50％近くになっているほか、合板用材の国産材利用量が急増し、自給率も過去 5 年ほどで 10 ポイント以上もアップしているのが目立つ。また、平成 25 年（2013）から統計が取られるようになった燃料材の急増ぶりも際立つ。

映していないことなど、あやふやなことがいくつもある。現在のデータは過少で、資源はもっとあるとする見方もあるが、いずれにしろ、頼りになるきちんとしたデータベースがないのが実情なのである。

しかも、個人の所有者、つまり林家が所有している私有林については、所有者が都市部に転出してしまって連絡先がわからなくなっていたり、林業が疲弊する中で、そもそも森林を所有していること自体について関心が失われ、どこに自分の所有林があるのかがわからなくなっていたり、だいたいの場所は見当がついても境界がどこなのかがわからなくなっていたりといったケースが非常に多く、今も増え続けている。そういう森林には手が付けられないから、たとえば森林組合が組合員である林家からの委託を受けて木材生産をする場合でも、所有者に連絡を取って、その了解を得、境界を測量する、といった面倒なことが必要ない、やりやすい山でばかり仕事をする傾向がある。

データだけに頼らない資源管理を

そのような実態がある中で、数字だけを根拠に巨大な供給力があるかのように吹聴するのは、とても適切だとは思えない。それを真に受けた事業者が何人も現われ、数字上は可能に見えるが、実際には過大な国産材利用プロジェクトを立ち上げる——ということにでもなったら、どうなるか。それで森林が実力以上に利用され、資源が劣化するということにでもなれば、目も当てられない。

そうしたことを避けるために、信頼に足るデータがなく、木材生産が可能な森林が、じつは限られているような現状においては、自治体の林務担当職員や国有林の現地担当者、森林組合職員といった各地域の林業技術者が、データのみに頼るのではなく、実務者として責任ある資源管理を行なわなければならない。森林を健全に保ちつつ、林業経営を持続させるためには、どのような管理が適切なのか。各地域の技術者は、そのことについて重要な責務を負っているのだと自覚する必要がある。

ただ、昭和40～50年代に盛んに造林されたスギやヒノキの人工林が大きく育っていることは事実であり、国産材の供給力が以前に比べて飛躍的に増大していることは間違いない。昭和40年代の高度経済成長期に木材需要が急拡大した際、国内の供給力が脆弱であったために外材輸入の増大を招き、それが外材主導時代の幕開けとなったが、その当時とは資源事情がまったく異なる。すべての需要をまかなうのは難しいとしても、現状の生産量ならまだ余裕があるというのは正しい認識だと言える。

このような資源的背景から、日本林業は木を育てる段階から利用する段階になったと言われ、現実に最近は国産材の供給量（＝利用量）が増加傾向にあり、木材自給率も30％台にまで回復してきている（表1－1）。現下の林業政策において、国産材の利用拡大は最重要テーマのひとつに位置づけられ、平成28年度に改定された「森林林業基本計画」では、26年時点で2400万㎥だった国産材供給量を37年には4000万㎥まで増やし、自給率を50％に引き上げるとの目標が掲げられた（23年度に策定された基本計画では、32年に供給量4000万㎥、自給率50％を達成するとの目標が掲げられていたが、後ろ倒しになった）。今後、目標の実現に向けて、利用拡大のための施策には、さらに力が入れられるだろう。そこには木を使うことによって林業を活性化しようという狙いがある。

だが、国産材の利用量が増えれば、それで問題が解決するわけではない。

「安い木」ばかりが求められている

国産材の利用量が増えるのは、もちろん歓迎すべきことである。しかし、利用が進むことによる恩恵を受けているのは、伐採・搬出に携わる森林組合や素材生産事業体であって、じつは立木の所有者である林家には、ろくな利益がもたらされていない。このことについては、本章の後段で詳しく述べるが、そのような事態を引き起こしている主な要因として、安価な丸太ばかりに需要が集中しているという問題がある。

現在、国産材の利用が増えているのは、合板《ごうはん》や集成材、木質バイオマス発電といった、丸太の品質がそれほど重視されない分野であり、今後もそうした分野での増加が主に期待されている（ここで言う「集成材」

(2) A～D材とは丸太の品質に応じたクラス分け。一般的に、A材は曲がりがなく、製材品の製造に向く「直材」、B材は多少の曲がりがあり、合板や集成材の原料になるもの、C材はさらに欠点が多く、紙パルプや各種ボードの原料になるチップ製造に向けられるもの、D材は木質バイオマス発電などエネルギー利用に振り向けられるもの——といった分類になる。しかし、これらはあくまでも便宜的な区分けであり、実際の品質仕分けは、もっと細やかに行なわれる。こうした大まかな仕分け手法は、流通を合理化するのに役立つようにも見えるが、半とは、木造住宅の柱や梁《はり》に使われる小断面あるいは中断面の構造用集成材を指す。以下同じ）。しかし、それでは、植栽から伐採までの育林過程において、木の質を高めるための作業が必要とされなくなる恐れがある。

このところ、もっとも国産材の利用量が増えているのは合板で、国内の合板工場における国産材の利用量は、平成13年の18万㎥が27年には３３６万㎥と19倍に激増している（図１－１）。合板は、丸太を大根のかつら剝きのように剝いた単板を、繊維が直交するように貼り合わせて製造する面状の木質材料である。丸太を鋸《のこぎり》で製材する場合は、曲がりの程度やテーパー（元口と末口の直径の差）の程度によって歩留まりや品質が大きく左右されるが、合板の場合は、多少の曲がりやテーパーの差があっても、単板を剝く工程で丸太を直円柱（元口と末口の直径が同じで曲がりのない状態）にしてしまうので、製材ほどは丸太の品質の影響を受けない。そのため、製材用よりも品質がワンランク落ち、価格的にも安価なＢ材が主に利用されている[2]。

各地で稼働が開始され、今後も建設計画が目白押しの木質バイオマス発電所で求められる燃料用木材の場合は、さらにその傾向が強く、木質の量（マス）さえあれば事足りるため、燃料となる木材の形状や品質はまったく問われない。Ｃ材あるいはそれ以下のＤ材で十分ということになり、当然、価格は安くなる（写真１－１）。

木造住宅の構造用部材として、すっかり定着した集成材も、貼り合わせる板（ラミナ）をつ

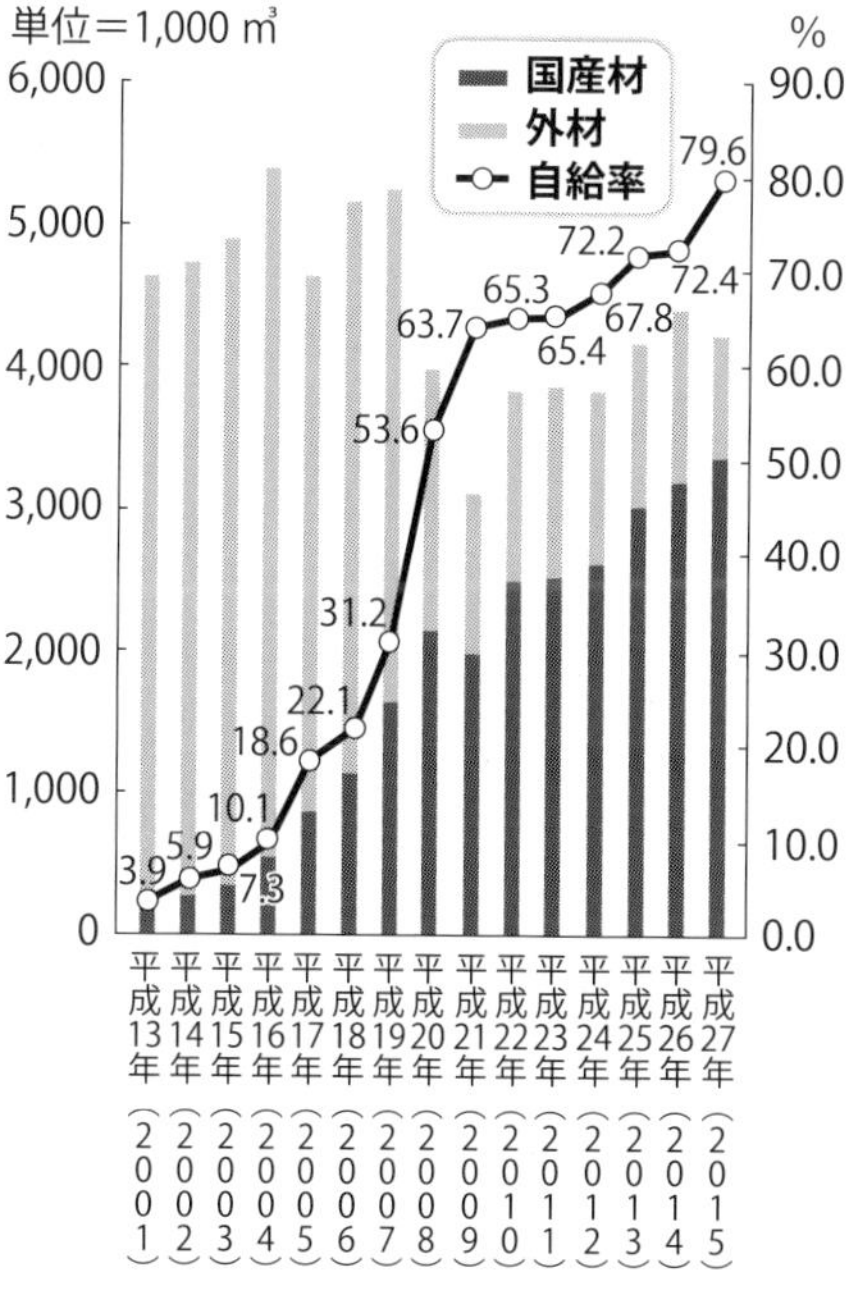

図 1-1　国産合板の原料内訳と自給率の推移

資料：農林水産省「木材統計」

国内で生産される合板の原料は、かつては外材がほとんどであったが、現在は国産材が８割を占めるまでに急増している。

面、品質に応じた価格形成が困難になるというデメリットもある。

くる段階で、死《し》に節《ぶし》や腐れといった欠点を除去することができるため、丸太の品質が製材ほどは重視されない。そのため、合板と同様にB材が主に使われている（写真１－２）。

これらのアイテムの場合、B材あるいはそれ以下の質の木を利用するというのは、原材料の仕入れにコストをかけられない、つまり丸太を高くは買えないから、という事情がある。木質バイオマス発電の場合は、単に燃やすだけの利用になるので燃料にコストをかけられるわけがないのは自明だろう。一方、合板や集成材の場合は、木材をいったん小さなパーツにしてから、それを貼り合わせて製造するという特性上、どうしても加工コストがかさんでしまう。そのため、原材料に費用をかけることができないのである（写真１－３）。

写真 1-1　発電用の燃料として集荷された木材。こうした低質材としての利用が増えている。

写真 1-2　集成材用ラミナを製造するための製材。曲がった木でも利用することができる。

写真 1-3　欠点を除去した短い板。これを継ぎ直したものを積層接着する。

(3)　歩留まりと原材料原価の関係：1万円／㎥の丸太の場合、利用歩留まりによって、原価は次のようになる。
▼歩留まりが50％の場合：1万円÷50％＝2万円
▼歩留まりが40％の場合：1万円÷40％

集成材の原木からの歩留まりは30％

たとえば集成材の場合、丸太からの製造工程を製材品と比較すると図1－2のようになる。比較の対象に、間柱《まばしら》（木造住宅の壁の下地になる板材。厚みは27㎜、30㎜、45㎜など）および短尺の板を縦継ぎ（フィンガージョイント＝FJ）した間柱を選んだのは、集成材と同様に板材としての木材利用であり、これら3アイテムは丸太からの木《き》取《ど》りが基本的に変わらないので比較がしやすいからである。

これを見ると、丸太→製材→乾燥までの工程は、いずれのアイテムにも共通している。無垢の間柱なら、これにプレーナー（自動鉋《かんな》）仕上げを施せば完成である。ところが、間柱のような板材を製材する場合は、死に節や腐れなどの欠点が発生する確率が高く（その理由は後述）、それらを除去してFJ加工によって継ぎ直す工程が往々にして必要になる。そうやってつくられたのがFJ間柱である。さらに、集成材に仕立てるためには、そこから接着剤で貼り合わせ、プレーナーがけして仕上げる工程が加わる。

このように異なる工程を経てつくられた製品の価格が仮にあまり変わらないとしたら、加工が多段階にわたってコストがかさむ分、FJ間柱や集成材は、無垢の製材品をつくるときよりも安価な丸太を買わなければ、採算が合わなくなる。同じことは加工歩留まりの点からも言え、原木からの歩留まり（利用割合）が低くなるほど原材料原価が高くなってしまうため[3]、その分、仕入れ価格を抑えなければならなく

＝2万5000円
▼歩留まりが30％の場合：1万円÷30％＝3万3333円

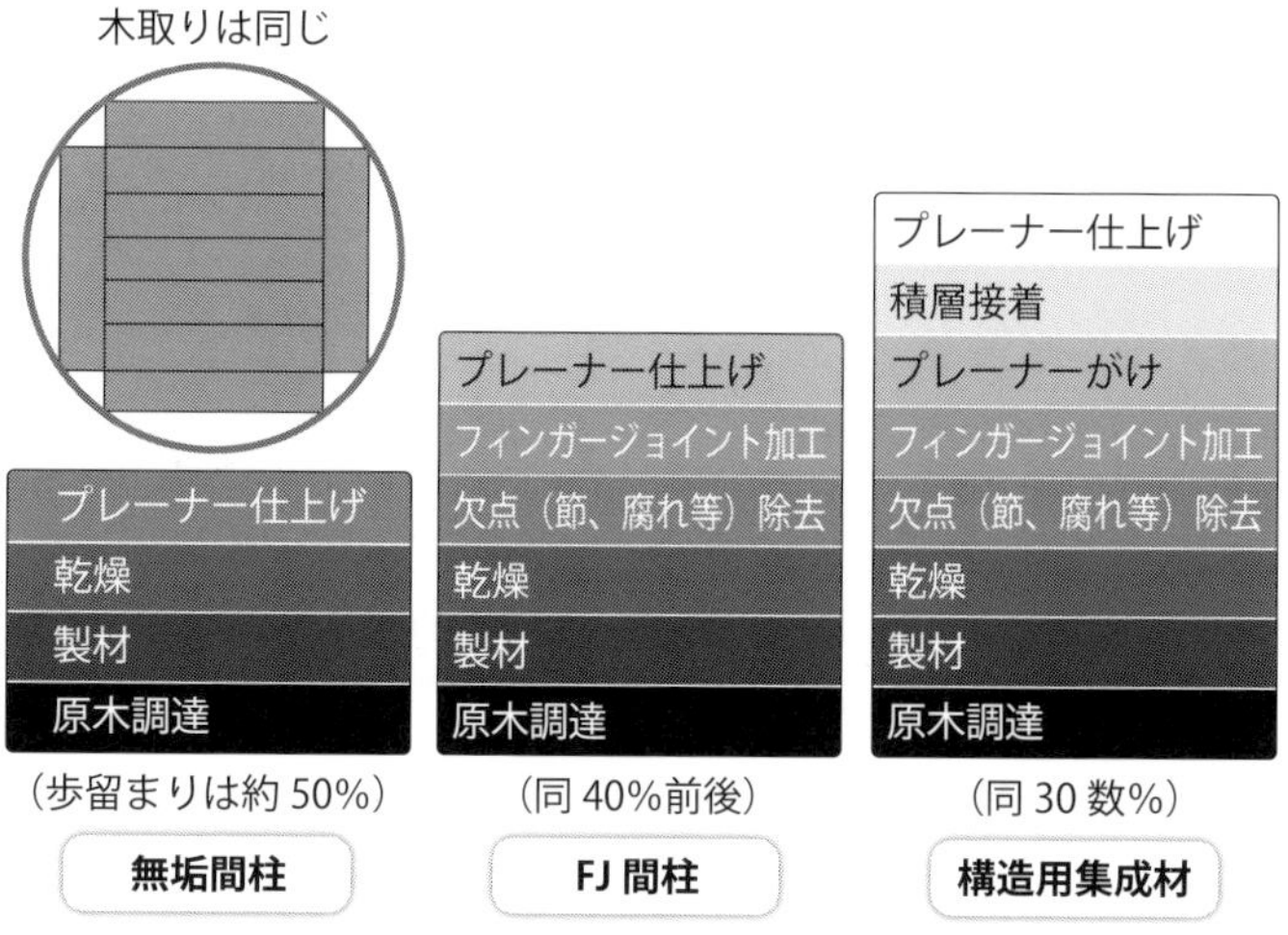

図1-2　無垢材と集成材の製造工程比較

＊実際の歩留まりは丸太の径級、品質によってバラつきがあることに注意。

なる。集成材の場合、ラミナの製造段階で欠点を除去したり、何度もプレーナーをかけたりという措置が必要になり、そうした加工が施されるたびに利用できる部分が小さくなっていく。結果的に原木からの歩留まりは30％程度にとどまり、その分、原価が高くなる。

つまり、国産材の利用が増え、今後も増えることが期待されている合板や集成材、木質バイオマス発電に関しては、原料として安価な木ばかりが求められているという実態がある。手入れ不足の人工林や放置された里山から生産される木の「はけ口」としてはいいかもしれない。よく言われる「間伐材を利用して森林整備に貢献する」とのうたい文句にもかなうだろう。

しかし、木を大切に育てている林家が、それではまったく浮かばれない。彼らが望んでいるのは、自分たちが手塩にかけて育てた木が評価され、ユーザーが喜んで使ってくれることなのである。それなのに、安価な木ばかりが使われて、手入れが行き届いた山から生産された木の利用が進まないようでは、山づくりに対する彼らの意欲を維持するのが難しくなる。さらに、そのような使われ方ばかりでは、どうせ品質が重視されないならと、手入れ不足が常態化し、木の質を高めるための技術が廃れ、結果的に山林の質がますます低下する恐れがある。

表 1-2　木の価値を高めるための選別（ソート）作業

	作業内容
林業段階	①　苗木の選抜 ②　保育間伐における選木 ③　利用間伐における選木 ④　造材（玉切り） ⑤　丸太仕分け
加工段階	⑥　工場での丸太仕分け ⑦　1 次加工時の品質仕分け ⑧　2 次加工時の品質仕分け ⑨　製品出荷段階での仕分け（格付け）

軽視される林業段階での価値創出

私は、木の価値を創出するためのポイントはソーティング、つまり「選別・仕分け」（ソート）を行なうことだと考えている。植栽から育林、伐採、加工のプロセスで発生する代表的な選別作業を示したのが表1－2である。選別作業には経費を伴うから、それによって付与された価値が経済的な利益をもたらさなければ、選別作業自体が成り立たない。要するに、選別で付与された価値が必要とされるかどうかがポイントになる（写真1－4）。

これらの選別作業のうち、林業段階で行なわれるのは①から⑤までであり、その目的は良質な木を育て、品質の安定した丸太をつくることである。この①～⑤が適切に行なわれていることの重要性を木材の利用種別ごとに評価すると、製材品＞集成材・合板＞紙・木質バイオマス発電――の順で重要性が高くなる（図1－3）。丸太をいったん小さなパーツにしてから貼り合わせて製造する集成材や合板と異なり、製材品の場合は、丸太を切り分けてつくることになるため、出来上がった製品の品質は丸太の品質に多くの影響を受ける。良い丸太からでなければ、良い製材品はつくれないのである。ということは、林業段階での選別作業が適切に行なわれるようにするためには、良質な製材品がたくさん使われるようにすることが必要になる。

ところが、今の国産材の利用状況を見ていると、合板、集成材、木質バイオマス発電など、林業段階での選別作業が重視されない、あるいは必要とされない用途ばかりで利用が進む傾向がある。このままでは、表の①～⑤は次第に行なわれなくなり、加工段階における⑥～⑨の作業で価値を付加する

写真 1-4　京都府京丹波町の苗木業者、中西至誠園の中西信市郎さんは「良い山づくりに貢献したい」という思いを抱きながら、質の高い苗木づくりに取り組んでいる（①）。最近の林業界では、造林作業の効率化を目的にコンテナ苗の導入が進められているが、中西さんは普通苗の育苗にこだわる（②）。苗木づくりで大切なのは「適期適作業」だとし、季節や気候に合わせ、「手抜きをせずに丁寧に育てる」ことをモットーとしている。その要となるのは、やはり「選別」であり、スギの場合、発芽した直後に、ほかの苗よりも勢いよく伸びたものを間引くということまでやっている。理由は、山で植えられた後に暴れ木（京都のこのあたりでは「姉木《あねぎ》」と呼ぶ）になる可能性が高いためだ。「山で良い木になるように、この段階で良い苗にそろえてやるんです。そうやって、少しでも良い山づくりの手助けができればと思っています」と中西さんは語る。

利用が主流になる可能性がある。

もちろん、そうした利用を否定するわけではない。どんなに念入りに育てても、質の劣った木は出てくる。1本の木のすべてを利用しようとすれば、曲がった部分も使わなければならないし、根元近くや梢のあたりの低質材を活用することも考えなければならない。それらを⑥～⑨の作業で有効に利用したり、あるいは燃料にしたりできるとしたら、そのメリットは小さくない。

しかし、そればかりになったとしたら、どうだろうか。林業段階での価値創出が重視されなくなれば、当然、生産物である丸太の価格は安価に抑えられる。育林コストも抑えざるを得ないから、効率化がますます求められる。必然的に、生産される丸太は質的に難のあるものが多くなるが、それには欠点を除去して継ぎ直すフィンガージョイント加工のような製造技術を駆使することで対応する。つまり、木材を利用する木材産業の立場からすれば、質的にはいまひとつでも安価な原料を安定して調達できれば、それをうまく加工することで製品に仕立てることができ、そうしたビジネス機会を増やすことで産業としての発展を期すことができる。だが、林業サイドは「木を育てて生産」するのではなく、「育った木を生産」する採取型の経営が主流となり、まるで採掘業のように原材料を安価かつ安定的に供給することばかりが求められるようになってしまう。

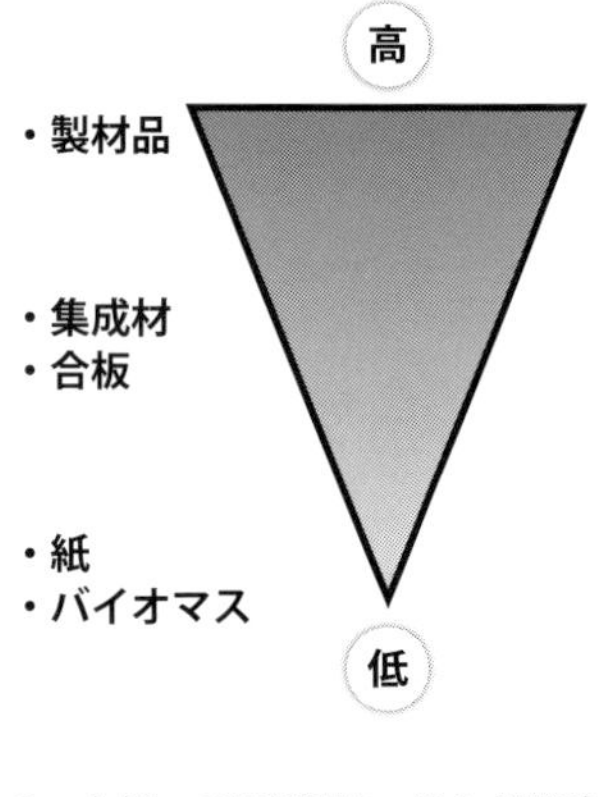

図 1-3　木材の利用種別に見た林業生産段階でのソートの重要性

林業段階での選別（ソート）作業によって丸太の品質を高めることの重要性は、木材の利用形態によって評価の度合いが異なる。丸太品質がもっとも重視されるのは製材品であり、燃料としてただ燃やすだけの利用では、丸太品質はほとんど問われない。

木を大切に育て続ける林業こそ

それが日本林業のあるべき姿だと言えるのだろうか。私はそうは思わない。林業においても価値創出のための選別作業がしっかりと行なわれるべきであり、そうやって価値を付与された木材が適切に利用されるマーケットをつくるべきだと強調したい。

なぜなら、それは「木を育てる」ことにこそ重要な意味があると考えるからである。育てるための労働機会が増えれば、それだけ雇用が発生し、地域社会の活性化に役立つというのがひとつ。もうひとつは、それこそ「子育て」のように人が木と濃密に関わりながら木を育てることで育まれる森や木に対する愛着こそが、森を健全な状態に保つ原動力になると考えているからである（写真１－５）。

以前、静岡県の天竜地域で何軒かの自伐林家を取材したときのことである。訪れた林家のいずれもが異口同音に、「いま、ここに成長した木が立っていて、自分たちが林業をやれるということは、過去にこの木を育ててくれた人がいたということであり、それはこの山の中に無数の足跡があり、たくさんの汗が土に浸み込んでいるということだ。そのことを思うと、いくら今が厳しいからと言って、自分の代で山を投げ出すことなど思いもよらない」という趣旨の話をしてくれた。あるいは、これはほかの地域の話だが、休日ごとに山に入って手入れにいそしんでいるという兼業林家は、祖父や父が山をいかに大切にしていたかを説明し、それをおろそかにするわけにはいかないと力を込めて話してくれた。

林業とは木を大切に育て続けることであり、そうした態度で山に臨んだ先人の姿を目に焼き付けているからこそ、子や孫の代に至っても山を大切にする姿勢は受け継がれる。プロローグで見た鳥取・智頭の赤堀家はその典型である。こうした林家の営みが成立しなくて、なんの林業活性化だろう。

そのことを思うと、やはり木を大切に育てることを可能にするようなマーケットがなくてはならず、それを招来するような取り組みにこそ力を入れるべきだと思い至る。合板も集成材もバイオマス発電も木材の重要な用途であり、それらを否定するつもりは毛頭ない。だが、林業を活性化するためには、よく手入れされた山から生産される品質の

写真 1-5　木を大切に育て続けられるようにすることが必要だ。

安定した丸太が求められるような需要を増やすことにも力を入れるべきなのである。

その場合のターゲットは何か。それはやはり丸太の品質により多くを負う無垢の製材品ということになる。良質な製材品の需要を伸ばすことによって、育成段階と生産段階を通じてソートが適切に行なわれた良質な丸太への引き合いを強めることが、林業を活性化するためには重要なのである。

❷ 良質材のマーケットを拡大する

無節の優良材だけが良質材なのか

だが、こうした話をすると、次のように反問されることがある。「住宅に対するニーズが変わり、和室が減少しているのだから、無節の優良材には、もはや期待できないのではないか」と。あるいは、「集成材や合板といった木質建材が売れ筋となる中で、無垢の製材品の需要に過度な期待はかけられないのではないか」と。

その問いかけは、もっともらしいようでいて、踏み込みが浅いと私は思う。まず「良質な木材」を「無節の優良材」だと限定的に捉えていることに問題がある。無節材だけでなく、上小節《じょうこぶし》や小節を加えて、いわゆる「役物《やくもの》」(4)全般を対象にしたとしても同様で、「質の高さ」とは、そうした化粧面の評価にとどまるものではない。そして、これからの木材需要のトレンドを予測すると、価値の高い木材へのニーズを高めることは不可能ではないと私は考えている。それは具体的にどういうことか、以下で説明していく。

(4) 役物：木材業界では、節がないか、小さくて少ない上質の製材品（無節、上小節、小節）を指す（建築業界では、特殊な形状の建築材料を指す）。

リフォーム需要で良質な丸太に引き合い

木材の主要な需要部門である住宅需要に関して言えば、少子化や人口減少、既存住宅のストック増大などから、今後は新築需要が大幅に減少することが確実視されている。その代わりに期待されているのがリフォーム需要である。

それが木材需要にどのような影響を及ぼすか。予想されるのは、新築工事では必須アイテムだが、リフォーム工事ではそれほど使用されない柱や梁桁《けた》といった構造材の需要が減少し、仕上げ材や下地材に使われる板類や小割《こわり》類の需要が増加することである。

さらに言えば、リフォーム工事の場合は、既存住宅の構造や仕様、施主や建築業者（設計士やインテリアコーディネーターなどのデザイナーを含む）の好みなどによって、さまざまな寸法の材料が求められる傾向がある。このことは洋室についても言え、敷居や鴨居など寸法がある程度決まった材料で仕上げられる和室と異なり、洋室に使われる材料の寸法はさまざまである。特に建築士が設計する「木の家」の場合は、細部のデザインにこだわることもあって、その傾向が顕著になる。

つまり、新築からリフォームへ、和室から洋室へ——という需要トレンドの変化によって、これからはさまざまな寸法の板材や小割材が求められるようになり、それが木材需要の中で相当なボリュームを占

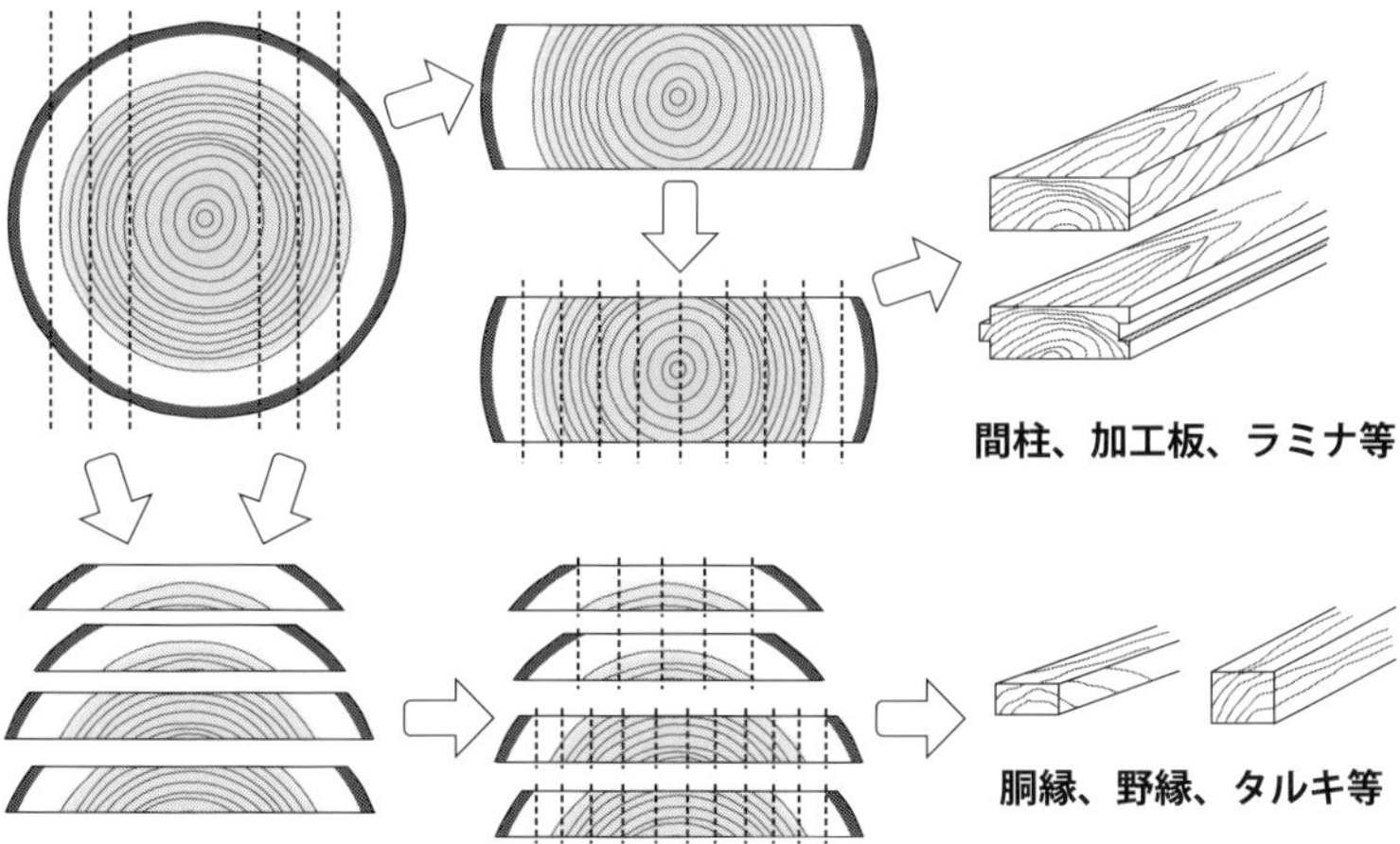

図 1-4　板材・小割材の木取りパターン例

板材や小割材を製材する木取りでは、鋸が丸太の中心まで入ることになるため、節や腐れなどの欠点が露わになる。

めるようになるのではないかと私は予想している。そして、そのことは丸太の品質にも大きく影響してくる。

先ほど「板材には死に節や腐れなどの欠点が発生する確率が高い」と書いたが、それは構造材と板材・小割材の木取り（丸太のどこに鋸を入れて、どんな製材品をつくるかを決めること）の違いに由来する（図1－4）。柱や梁といった断面の大きな材料の場合は、「丸を四角にする」要領で、丸太の外側から半月形の板を4枚切り落とすことで角材を製造できる。この場合、丸太の芯近くまでは鋸が入らないから、まだ木が若かったころに手入れが不足し、それが原因で死に節や腐れがあっても表には出て来ない場合がある。あるいは、材の表面にそうした欠点が現われたとしても、断面が大きいために節が抜けるようなことにはならず、よほどひどいものでなければ、使用上の支障にはならない。

一方、板材や小割材の場合は、丸太の芯近くまで鋸が入るような製材の仕方になるため、丸太の内部の欠点要素が露わになってしまう。つまり、手入れの有無や程度が製材品の品質に大きく影響する。構造材と異なり、板材や小割材は薄く、断面も小さいので、死に節や抜け節が現われると、それが致命傷になりかねない（図1－5）。死に節や抜け節でなくても、節の大きさや場所によっては曲がりや強度低下の原因になるので、やはりうまくない。つまり、板材や小割材を製造する場合には、一定以上の品質が確保された丸太でなければつくりづらく、歩留まりが低下してしまう。そのため、今後、リ

「埋め木」や「FJ処理」で対応
⇒手間とコストがかかる！
小割材の抜け節は
致命的
断面が大きければ
抜けない（強度上は欠点）
①
②
③

図 1-5　なぜ節が困るのか

柱や平角では抜け節などの欠点は生じにくいが、板材や小割材ではそうした欠点が致命傷になる。欠点を除去（①）しての埋め木補修（②）、フィンガージョイント（③）などのコストもかかり増しになる。

フォーム向けや洋室向けに板材や小割材の需要が伸びれば、品質が安定した丸太への引き合いが強まるのではないか、あるいは林業サイドからすれば、そうした品質の丸太をきちんと仕分けることにより、製材工場向けに有利販売できるのではないかと私は考えている。そして、すでにそうした動きは一部で現実のものになってきている。

動き出した製材メーカー

たとえば、富山県高岡市の製材メーカー、ウッドリンクでは、タルキや胴縁《どうぶち》、間柱といった板挽《いたび》きあるいは小割挽きしたスギの羽柄材《はがらざい》（下地材）を製造しているが、その原材料として、なるべく節が少ない丸太を集荷するようにしている。

同社は、もともとロシア産のエゾマツを主に利用していた。ところが、ロシア産丸太の輸入が激減したために原料をスギに転換しなければならなくなり、地元の森林組合や市場で買い求めたスギを挽いてみたところ、欠点材が多く発生して、当初は大いに困惑したという。そこで、節のない丸太や節が少ない丸太を指定して仕入れるようになり、ようやく安定して製品を製造できるようになった。

「いま思うとエゾマツはとても扱いやすかった。それに比べてスギはなんて扱いづらいんだと最初は思ったものです」と同社の製材担当者は話す。

また、静岡県浜松市の天竜林業地の有力木材業者、フジイチでは、新築からリフォームへという需要トレンドの変化を先読みし、構造材の柱や梁桁を量産するのに向く製材機（ツインバンドソー）を取り払い、板材を効率的に製材できる機械に入れ替えるという経営判断を数年前に行なっている。それを可能にさせたのは、同社が拠点を置く天竜が国内有数の林業産

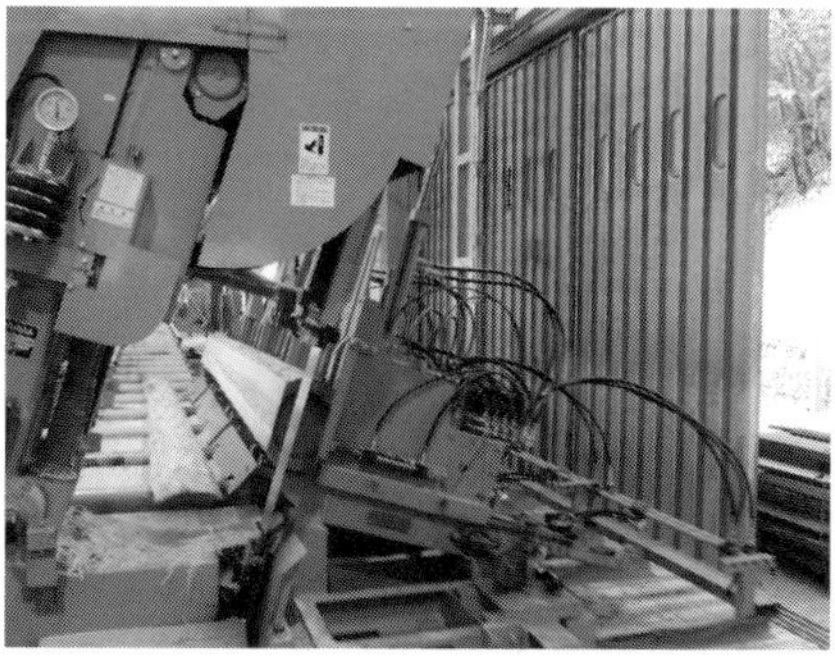

写真 1-6　フジイチの傾斜型台車。鋸と送材車がわずか（15 度）に傾いている。製材された板は滑り落ちるようになるのでローラーに挟まれにくいこと、木取り時間が短縮できること、材面の確認がしやすいことなどの特長を備え、板材の製材を効率的に行なえる。

地であり、板材を挽くのに向く丸太を安定的に確保できる見通しがあったからにほかならない（写真1－6）。

合板や集成材も良質な原料が必要

そして、じつは集成材や合板といった接着材料であっても、丸太の品質が安定しているほど製品をつくりやすいことに変わりはない。

合板の場合、先ほど説明したように、丸太を剝いた単板から製造するという製法上、多少欠点のある丸太でも原料として利用することができる。そのためにB材需要の受け皿に位置付けられているわけだが、じつは合板の製造段階では、原材料の品質に非常にシビアな目が注がれている。丸太から剝いた単板は、1枚1枚、強度や節の程度が検査され、それを踏まえた調整や選別を経たうえで積層接着されている。フロア台板（フローリングの基材になる合板）や型枠用合板など、厚みが12㎜程度で、それにもかかわらず一定以上の品質（強度、垂れや反りのなさ等）が要求されるアイテムの場合は、使用する単板がより厳しく選別される（24㎜、28㎜と厚くなるほど単板の品質に関する許容範囲が広がる）。死に節や腐れは、単板の強度に影響するから当然敬遠される。結局、欠点の少ない丸太を使ったほうが強度が高く、品質の安定した合板をつくることができるのである。

集成材にしても、製造過程で死に節や抜け節、腐れなどの部分を除去すればいいと言っても、欠点に対処するのには当然、手間とコストがかかる。しかも、先ほど見たように、FJ加工をすれば、その分、歩留まりが低下し、原価が高くなる。本来はそのような処置をなるべくしないで済むラミナのほうが効率良く、したがってコストをかけずに安定した品質の集成材を製造することができるのである。

以前、ある調査で国内の集成材工場を回った際、いくつもの工場で「スギやヒノキは欠点が多くて、とても使いづらい」という言葉を聞かされた。彼らに言わせれば、集成管柱や集成平角の原料として多く使われているヨーロッパ産のホワイトウッド（ＷＷ＝ノルディックスプルース）やレッドウッド（ＲＷ＝オウシュウアカマツ）は、死に節や抜け節、腐れが少なく、目詰まりも良い、つまり品質が安定しているので集成材をつくりやすい。もちろん、ＷＷやＲＷでもＦＪ加工が行なわれはするものの、その頻度は低い。それに比べて国産材は、死に節や抜け節といった欠点が多く、手間ばかりかかってコストも高くつき、「使いづらい」材料だというのである。

　これは、中大型木造建築の可能性を押し広げる材料として期待され、国産材の新たな需要の受け皿として最近注目されているＣＬＴ（直交集成板）でも同様で、ラミナの品質が安定していないと製造コストを引き下げることができず、競争力のある販売価格を設定することができない。品質の安定しないラミナで製造しようとすれば、製造コストがかかり増しになるし、その分を補うために、原材料である丸太の価格を引き下げざるを得なくなる。

　このあたりの事情は集成材と変わらず、安価な丸太からでなければつくれないということになれば、林業振興どころの話ではなくなってしまう。ＣＬＴによって中大規模の木造商業ビルなど、木材の新たな用途が広がることは歓迎すべきだが、以上の理由で、この材料を林業振興の旗手であるかのように扱うことに私は疑問を持っている。

良質材の有利販売は中小工場も潤す

　このように、木材加工の現場では、品質の安定した「良質」な丸太が求められている現実がある。ところが、国産材丸太の生産流通に関する政策議論を見ていると、量的な安定ばかりが志向され、品質に関するアプローチがほとんどなされていない。

　そんなことを言っても、品質が安定している丸太は高価でコストアップになるというマイナス面もあるではないか、という反論もあるとは思う。確かにそれは否定できないが、では、品質は今ひとつでも安価な丸太だったらいいのかと言えば、丸太の品質が悪ければ歩留まりが低下し、加工手間がかかるため、結局コストも押し上げられてしまう。いずれにしろコストアップ要因からは逃れられないとしたら、どちらを選ぶか。私は、多少高価でも品質が安定した丸太を買うという選択はありうると思う。特に中小工場の場合は、そうなるケースが多いだろうと見ている。

品質が安定している丸太の場合、板材や小割材の製造に適しているということのほかに、材面のきれいな製品が採れる確率が増すというメリットがある。木材価格が全般的に下がっているとはいえ、無節や上小節といった役物製品は、きちんと仕分けさえすれば並材よりも高い値段で売ることができる。そのため、大手や中小といった規模にかかわらず、たいがいの製材工場は出来上がった製品の中から材面のきれいなものを選り分けて、少しでも高く売ろうとする。あるいは、材面のグレードに応じて製品を仕分け、有利販売を目指す。

一例を挙げると、前出の富山県の製材メーカー、ウッドリンクでは、間柱用に板挽きしたものの中で、材面のきれいなものは製造ラインから取り出し、より高価に販売できる羽目板《はめいた》や床板に加工している。仕入れている丸太の品質が一定水準以上であるからこそ、このような取り回しが可能になり、利益率を押し上げることができる。

こうしたことをせずに、製品を十把《じっぱ》一絡《ひとから》げで販売している工場もあるが、それが有効なのは、仕分けに手間（コスト）をかけるより、安くても大量に販売することで利益を出すことが見込める大型工場の場合である。中小工場の場合は、製造コストでは大手に太刀打ちできないから、十把一絡げの販売を大手と同じ価格水準で行なうだけでは採算が悪化する一方である。そのため、少しでも高く売れそうなものは、きっちりと仕分けて有利販売するという戦略が必要になる。それを可能にするためには、良質な丸太を確保することが有効なのである。

見えるところに木材を使う意義

もうひとつ、いくら品質が安定している丸太が求められると言っても、製造するものが集成材や羽柄材といった単価に期待しづらい並材製品では、結局、丸太を高く買うことはできないのではないかとの反論もあるだろう。確かに、並材製品が主製品の工場の場合は、販売単価に期待できない製品が多くを占めることになるので、丸太の品質を問わない仕入れをしている工場よりは仕入れ価格を高く設定するとしても、限界はある。

そのため、それらの工場をターゲットに、安定した品質の丸太を少しでも高く販売しようと働きかけることも重要ではあるが、山づくりに力を入れている林家の立場からすると、さらに質の高い丸太をもっと高く買ってくれる相手とのビジネスを増やすことが必要になる。つまり、無節や上小節など、材面がきれいで高く売れる製材品を主製品としている工場との取引を増やすことが求められる。

ここ10年ほど、国は大型工場の整備を促進する施策に力を入れてきた。その結果、人工乾燥（ＫＤ）材を大量に供給する基盤が整い、大手ハウスメーカーが国産材を選択しうる条件も整ってきた。その効果は認めなければならないと思う。

しかし、木材のマーケットは、大型工場が製造する並材製品だけで構成されているわけではない。そうした製品のシェアがかなり大きいことは確かだが、その多くが大壁《おおかべ》工法（柱が壁の中に隠れる工法）用の材料として、住まい手の目に見えないところで使われるとしたら、一般ユーザーの感覚としては木材の使用感を持ちようがない。

木材に対する親しみを持ち続けてもらうためには、見えるところで木材を使っていく必要があるし、見栄えの良い木材を有利販売することで活路を開こうという中小工場の戦略とも、そのことは合致する。つまり、良質な木材のマーケットを拡大することは、中小工場のビジネス機会を増やすことにもつながる。中小工場が生き残れば、木材に対する多様なニーズの受け皿を確保することになるし、山間地域の経済を支えることにもなる。

③「品質の安定供給」を目指す

木材生産が林家のビジネスにならない

このように、良質な木材のマーケットを拡大することは、地域の木材産業の発展を図ることにもつながる。さらに林業サイドにとっては、少しでも高価な丸太が売れれば林業経営の採算性が確実にアップする、というメリットがもちろんある。

現在の並材丸太の価格水準では、立木を伐採して丸太を販売しても、林家の手元に残る利益はごくわずかにとどまる。それどころか、せっかくの売上が伐採搬出にかかる経費と相殺されて利益が得られなかったり、下手をすると売上を経費が上回って赤字になることさえある。

立木を伐採して丸太を生産し、それを販売したときの収益構造はどうなっているかを数字で具体的に見てみよう。仮に丸太の売上を1万円とし、伐採や搬出などのマネジメントに8000円の経費がかかったとすると、差し引きの木代金（＝立木価格）は2000円になる（表1－3）。これが立木の所有者である林家の収入、すなわち林業経営収入ということになる。丸太の価格が上がれば増えるし、下がれば減る。こうした計算式で林家の収入が決まることを「市場価逆算方式」と呼ぶ。

私が林業や木材の取材を始めた昭和63年から平成時代の初めのころは、一般的な品質のスギ丸太（末口径20㎝程度）が2万円から2万5000円程度の価格で売れていた（1㎥当たり。以下同じ）。

表 1-3　丸太価格を１万円／㎥とした場合の所有者手取り・各種経費の構成例

立木価格 (2,000 円)	各種経費 (8,000 円)
■林業経営収入 森林所有者収入 植林・育林経費	**■マネジメント費用** 伐採・搬出経費（作業員人件費、機械損料、燃料費、間接経費等） 運搬経費（トラック運賃等） 販売手数料（市売手数料、椪積料等）

台風や大雪などで出材が滞って品薄になると、３万円くらいに跳ね上がることもあった。ところが、現在の価格は８０００～１万円程度で、多少値上がりしたとしても１万２０００円程度にしかならない。この30年ほどで半額か、それ以下にまで値下がりしてしまったのである（図１－６）。

この価格水準では、林家の利益はごくわずかで、生産地の条件が悪かったり価格が下がったりすると、立木価格＝ゼロということが、いとも簡単に起きる。下手をすれば、経費がオーバーして赤字になることさえある。つまり、林家の取り分である「立木価格」は、木材価格が下がる中で極小化する傾向にあり、何十年もかけて育てた木を伐採して販売しても、伐採搬出の経費になるくらいの売上にしかならない、というのが林業の実情なのである。

このような状況下では、最近は国産材の生産量が増加傾向にあると言われても、林家の耳には空々しく響くばかりだろう。生産量が増えているというのは、国産材のビジネス機会が増えていることを意味する。だが、そのビジネスを展開しているのは、伐採・搬出の経費を計上している林業事業体や森林組

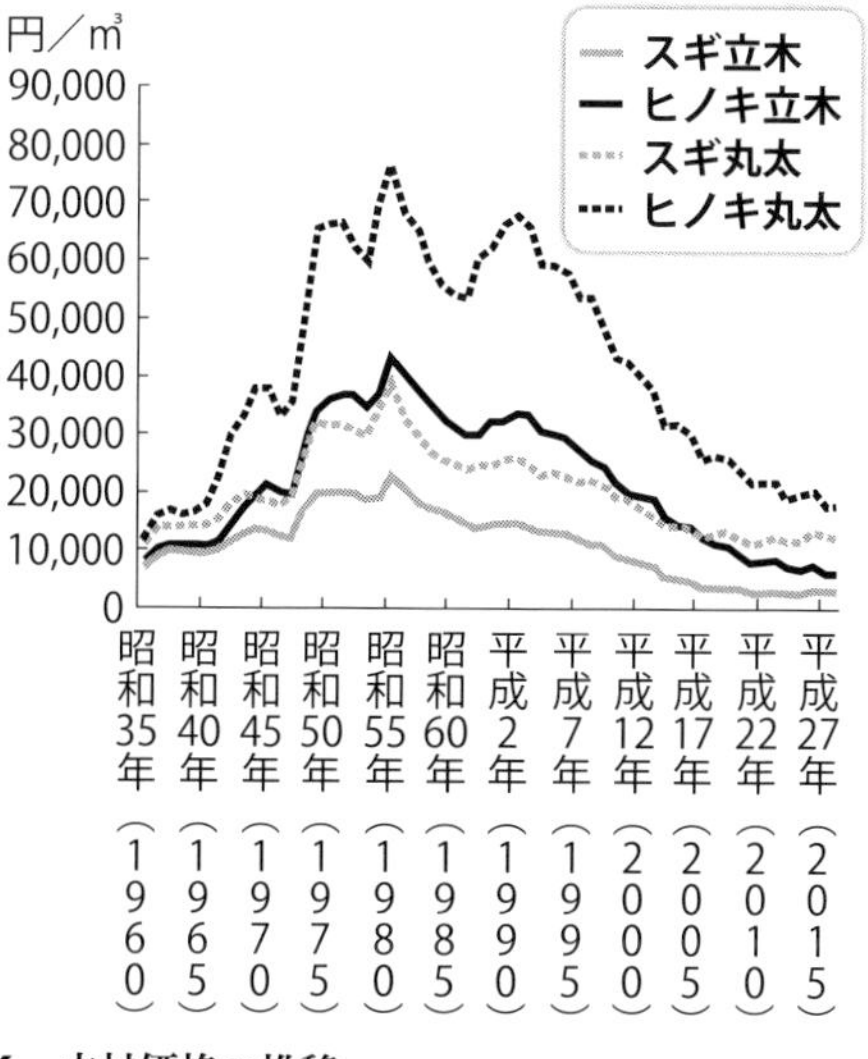

図 1-6　木材価格の推移

資料：農林水産省「木材需給報告書」、日本不動産研究所「山林素地及び山元立木価格調」

スギ・ヒノキ丸太（3.65m ～ 4m × 14 ～ 22㎝）の全国平均価格は、昭和 55 年（1980）に過去最高値（スギ＝３万 8700 円、ヒノキ＝７万 6400 円。1㎥当たり、以下同じ）を記録した以降は、バブル期と消費税導入（平成元年〔1989〕４月１日）に伴う駆け込み需要発生時に値上がりしたものの、それ以外は長期的な低落傾向が続いている。平成 28 年（2016）の価格は、スギが１万 2300 円、ヒノキが１万 7600 円で、それぞれピーク時の３分の１、５分の１の水準まで値下がりしてしまった。丸太価格が下落したことにより、林家の手取り収入になる立木価格も低下の一途をたどっている。価格のピークは丸太と同じく昭和 55 年で、スギが２万 2707 円、ヒノキが４万 2947 円であったが、直近の平成 28 年は、スギが 2804 円、ヒノキが 6170 円で、それぞれピーク時の８分の１、７分の１にまで低下している。

合であって、立木の所有者である林家自身は、そうしたビジネス機会を提供するだけの立場にとどまっているのである。しかも、需要が増えているアイテムは、合板や集成材、木質バイオマス発電といった丸太の品質が問われない安価なものばかりということになると、育林による価値の創出も期待できなくなる。これでは、いくら自給率が上昇したとしても、林家にとって旨味はない。彼らの経営意欲は減退する一方となってしまう。

自伐化だけでは問題は解決しない

この状況を打開するには、どうするか。ひとつの方策として、林家が自ら生産に従事するようになる、つまり、自伐林家になる、という選択肢はありうる。自伐林家とは、読んで字のごとく、所有する山林で育てた木を自ら伐採搬出して販売し、収入を得ている林家のことを言う。森林組合や素材生産業者に作業を委託する場合は、かかった分の経費を支払わなければならないが、自分で作業をすれば、支払う分の金額をそのまま収入にすることができるのである。

自伐林家については、第3章で詳しく取り上げることにしていて、そこでも述べるが、林家が他者に経費を払うのではなく、自伐林家となって所有林の経済価値をフル活用するというのは、当然ありうる考え方であるし、林業の経営スタイルとして望ましい形のひとつだと思う。

だが、自伐林業を広めることが、林業の諸問題を解決する決定打になるかと言えば、私はそうは思わない。自ら作業すれば、林家も収入を確保できると言っても、単にそれだけでは、木材の売上が伐採搬出経費くらいにしかならない、という問題は解決されていないからである。

これに関しては、当の自伐林家でも収支を厳しく見ている人はいて、第3章で紹介する愛媛県の菊池俊一郎さんは、少なくとも自分の人件費相当分を上回る売上を確保できなければ「儲け」とは言えない、との立場を取る。実際、木を育てるのにかかった経費まで含めて収支を成り立たせようとすれば、人件費を含む生産経費に相当する売上が確保できただけでは、経営が成立していることにはならない（表１‐４）。

同様の理由で、林家が別の収入を確保して、兼業として林業を営むことが問題の解決になる、という考え方にも賛成できない。何も兼業林家を否定しようというのではない。それぞれの林家が、各自の事情や戦略により、林業以外の収入を得たり、多角経営に乗り出したりすることによって、林業経営を継続させようというのは、現実的な選択肢のひとつだと思う。そもそも、日本の農山村では、昔から農業と林業が一体的に営まれ、人々は暮らしを成り立たせてきたという事実もある。

だが、「兼業型の経営なら林業はうまくいく」、あるいは「副業型の林業経営が望ましい」というように、林業の諸問題を解決する決定打のような扱いをしてしまうことには、やはりためらいがある。

確かに、別の収入が得られれば、仮に林業に関する収支が赤字になっても、それを補塡して生計を立てていくことができる。経営基盤も、より強固にはなるだろう。だが、木材の売上が伐採搬出経費くらいにしかなっていないこと、あるいは育林投資が回収できていないこと、といった問題を解決することにはならないのである。

自伐林家になることや兼業林家になることは、当然ありうる選択肢として、それぞれが取り組んでいけばいいことであるし、それによって林業経営が継続されるのなら、結構なことだと思う。そのような選択をしやすくするような環境を制度面で整えるといった支援策があれば、林業を振興する上でのプラス

表 1-4　林業経営は成立するのか

作業内容	生産物
植林＝経費① 下刈り＝経費② 枝打ち＝経費③ 保育間伐（伐採＋搬出）＝経費④	バイオマス材＝収入 A
利用間伐（伐採＋搬出）＝経費⑤	用材・バイオマス材＝収入 B
主伐（伐採＋搬出）＝経費⑥	用材・バイオマス材＝収入 C

・現状は……B ≧⑤ もしくは C ≧①＋⑥

・林業経営が成立　A ＋ B ＋ C ≧①＋②＋③＋④＋⑤＋⑥

林業の収支は、多くの場合、丸太の売上と伐採搬出にかかった経費とを突き合わせて論じられる。皆伐の場合は、伐採跡地への植林経費も考慮される。だが、本来、経営が成り立つかどうかを論じるなら、育林全般にかかった経費と、間伐・皆伐による生産物の売上のそれぞれを合計した額を突き合わせる必要がある。

＊「保育間伐」という用語は、間伐材を現場に放置する伐り捨て間伐の意味で使われることが多いが、昨今はバイオマス発電の燃料として未利用材の利用が増えているため、この表では若齢時の間伐を意味するものとして使用した。

になるだろう。地域活性化にもつながるだろうし、とてもいいことだと思う。
だが、それで林業の諸問題がすべて解決するわけではない。そのことは、しっかりと確認しておきたい。

引き算だけでなく足し算、掛け算を

では、どうすれば林業の採算を改善させ、林家の経営意欲を高めることができるのか。それには、やはり価格面で期待できる市場でも需要を拡大し、安定した品質の丸太を有利販売できる環境を整えることが求められる。先に指摘したように、リフォーム市場や内装材市場を展望すれば、これからは安定した品質の丸太に対するニーズが高まることも期待できるのである。ならば、そうしたマーケットを拡大することに力を入れ、その流れに積極的に乗れるようにするべきではないか。

そのために、林業サイドとして、これから取り組まなければならないのが、森林資源の質を高めるための施業に力を入れることである。

林業が不振に陥っている中で、国内の人工林は手入れ不足の山が多くを占め、良質な丸太を安定して生産するのが難しい状況にある。これでは話が前に進まない。手入れ不足状態から脱却し、良質な丸太を生産できる山を増やす必要がある。

これまでは、価格が低迷する中で何とか林業経営の採算を合わせようと、路網整備や機械化、さらには列状間伐などによるコストダウンに取り組んできた。一方、念入りな選木や枝打ちといった、山の木の質を高めることを目指した施業は、コストがかかるからと敬遠されてきた。つまり、日本の林業は「引き算」一辺倒での経営に傾斜して、ここしばらくは歩んできたのである。

もちろん、コストダウンは必要である。しかし、その効果はどのように発揮されてきたのか。木材価格が下がり続ける中で、補助金も使いつつ、引き算によって売上と経費を何とかバランスさせる。つまり、コストダウンのためのさまざまな取り組みは、価格の低下分を補い、何とか生産を維持するという面でしか機能してこなかったのではないか。結果的に、国産材の供給量は増えたものの価格は下がり続け、林家の収入も減り続けているのである。

そうではなく、コストダウンの効果を際立たせるためにも、少しでも高く売れる木を育てる。その木が使われるようなマーケットをつくる。そんな「足し算」、あるいは「掛け算」にもつながるような取り組みこそが、今の日本林業には求められている。当然、いくら価値を高められるからといって、野放図にコストをかけることは許されないから、コストダウンにも取り組まなければならない。だが、コストを引き下げながらも、どうすれば良質な木を育てられるかという意識は、常に持つ必要がある。つまり、新しい時代にマッチした「足し算」や「掛け算」の手法を確立していかなければならないのである。

安定した品質の丸太が供給されれば、先に見たように地域の木材産業の発展にもつながる。「品質の安定供給」に取り組み、その品質が積極的に評価されるようなマーケットをつくる。そうした取り組みこそが、今の林業や木材産業には求められているのである。

第2章

価値の高い木を育てる

1 答えは山にある

林業の正解は現場ごとに違う

平成26年に封切られた映画「WOOD　JOB！～神去なあなあ日常～」のプロデューサー、深津智男さん（ジャンゴフィルム）は、林業の実態を知るために、自らの立場を隠して「緑の雇用」事業の研修に参加するなど、体を張って映画化に向けた取材を行なった。そして実際の作業を体験し、さらに各地の林業関係者から話を聞く中で、出会った人ごとに話の内容が当たり前のように食い違うことに、たじろぐような思いを抱いたという。

「同じ林業地でもね、山ひとつ違うだけで言うことが違うんですよね。なるほど、そうなのかとわかったつもりになってても、次に会った人から全然違うことを聞かされる。これはもう、そういうものなんだって思うしかないじゃないですか。『林業って御しがたいな』って思いましたね」

そんな深津さんの話を、ある講演会で聞いた私は、あの映画が林業の現場や山村の暮らしをコミカルに描きつつ、ある種のリアリティが全編を貫いているように感じられたわけがわかったような気がした。そう、林業は現場ごとに違うのである。それぞれの現場に正解があり、ここで行なわれているやり方は、ほかの現場で通用するとは限らない。深津さんは、そのことに敬意を払って映画製作に当たってくれたのだと思う。

だが、残念ながら、現在の林業現場には、深津さんをたじろがせたような現場ごとのこだわりが薄れかけている現実がある。

一律なやり方で技術力が低下

言うまでもなく、森は気候や地形・土壌といった自然条件が地域・場所によって異なる。さらに、樹種はさまざまであり、品種や個体による違いもある。年ごとに気候も異なる。そのように多様な条件が複雑に交錯する中で、質の高い森をつくっていくためには、それらの条件をよく把握し、適切なときに適切な作業を行なって、木を育てなければならない。つまり、そのときにその場では何が適切なのかの判断力を磨く必要がある。相手は自然であり、同じやり方を一律に適用するだけでは通用しないからだ。そして、そういった判断の積み重ねが、地域ごとに異なる技術の発達につながり、現場ごとに最善の手法を見出す能力を培ってきた。

ところが、昨今の林業界では、補助金の交付要件など、決まった条件に基づいた作業を行なうだけで事足りるかのように受け止める向きがあり、それで果たして良いのかと私は疑問を覚えることがしばしばある。たとえば、間伐をどのように行なうかというのも、林地の条件や木々の状態、あるいは、そのときのマーケット動向などの条件によって、さまざまな判断がなされるべきなのに、間伐率について「本数で30％」という規定があれば、その通りにやるだけで満足してしまう。搬出量を増やすほど補助金がよりたくさんもらえるとなれば、それに合わせた作業を段取りし、規定に合った本数・材積を確保することばかりを考える。そのような規則や取り決めに従うだけでは、本当の意味での技術力が低下する一方ではないかと心配になる。

無条件の列状間伐の問題点

現状では、多くの人工林が手入れ不足状態になっていることを受け、少しでも早く状態を改善するための、いわば緊急避難的な手法が取られるケースが多くなっている。伐採率が4割、あるいは5割ほどにもなる強度間伐や、機械的に列を抜いていく列状間伐などが、それに当たる。

ただし、それらはあくまでも「緊急」な場合の手法であって、普通の状態の森林に適用される手法とは、はっきり区別されるべきだろう。しかも、手入れ不足林であっても、そうしたやり方が適さないところもある。ところが、それらの手法がコストダウンにつながりやすいことや、生産量を増やすことが求められていることなどから、「手入れ不足」とされれば無条件に適用されたり、一般的な施業方法であるかのように実行されたりするケースが増えている。

たとえば、列状間伐に関しては、最近、国や自治体の補助制度が、この方法で作業することを前提とした内容になっている実態がある。機械的に列で抜くということは、選木の時間がかからないので、コストは当然安くなる（写真２－１）。しかし、残される木も生産される木も、状態の良くない木と良質な木とが混じり合う結果となるので、作業後は不ぞろいな印象の山になりがちだ。実際の手法としては、3列を残して1列を伐る3残1伐であったり、2列を残して1列を伐る2残1伐であったりするわけだが、いずれの場合も、片側だけ空間が空いた状態で立つ木が出てきてしまう。空いたほうの枝だけが勢いよく伸びることになれば、重心のバランスが崩れて幹が曲がったり、アテが生じたりと、材質にも悪影響を及ぼす可能性が高まる。

一方、列状間伐には選木の手間がかからず、伐倒する際にも掛かり木が生じにくいというメリットもある。伐り倒した木を運び出すのも、列なりに倒れているわけだから作業がしやすい。ある程度形質がそろった状態の山で作業するなら、それほど不ぞろいな山にはならないとする意見もある。

写真 2-1　列状間伐の現場。機械的に列を抜くので選木や伐出の手間が大幅に軽減される。

このあたりの評価については、さまざまな議論があり、実際の山の状態もそれぞれなので、紙上では適否を判じにくい。しかし、だからこそ、無条件に列状間伐を行なうのではなく、林地の状況をよく見て、どんなやり方が適切かの判断が下されるべきだろう。それなのに、半ば機械的に列状間伐が適用されるケースが増えているのは、間伐を行なうことや間伐材を生産することだけが目的となっているからだと思われる。

間伐や枝打ちは「育林」作業

本来、間伐や枝打ちは「育林」のための作業であって、そのやり方いかんによって立木の質は良くも悪くもなる。ところが、最近はそれらの作業の必要性が林内の環境を適切に保つという「森林整備」の面ばかりで強調される傾向がある。それが緊急避難的な作業方法を「整備が必要だから」と一律に適用することにつながっている。

確かに、間伐が遅れれば木が込み合い、線香のように細くなって、風や雪に弱い森になる危険が増す。ひどい場合には、木が枯死してしまう可能性もある。木が込み合うと、林床に太陽の光が届かなくなり、下草が生えずに土壌がむき出しになる。その状態で雨が降れば、土壌が流出する危険が高まる。そこで間伐が必要になる。込み合った状態を改善すれば、林床に太陽の光が届いて、下草が繁茂して土壌を守る。人工林の環境を健全に保つ上で、間伐が大切な作業であることは間違いない。

だが、そもそも間伐は、安定した品質の木を育てるために重要な意味を持つ。土壌を適切に保つことは、木の成長を維持するために必要であるし、間伐で林内の密度を管理することは、成長の度合いをコントロールすることにつながる。うまくコントロールできれば均質な年輪の木を育てることができるし、これはもともとの植え付け本数（密度）とも関係してくるが、ある程度、密な状態で育てれば、細かい年輪が得られる。太るよりも上に伸びるほうが旺盛になれば、下から上への細りが少ない完満な姿に仕立てることができる。反対に、豪雪地帯などで早く太らせて雪に強い木にしたい場合などは、空間を広めに空けて管理するやり方もある。

　枝打ちは、言うまでもなく、無節、あるいは節の少ない安定した品質の木を育てるための作業である。間伐による密度管理とも密接な関わりがあり、濃い目の密度なら枝が太くなりづらいから枝打ち痕が小さくなり、きれいな材面に仕立てやすくなるし、枝が細ければ作業の負担を軽減することにもつながる。枝葉の量は成長の度合いとも関わるから、適切な作業を行なうことで、年輪幅をコントロールすることもできる。

　このように、間伐や枝打ちには、目標とする材質に育てるための育林作業としての意味がある。もちろん、手入れ不足を解消し、森林環境を健全な状態にすることが重要であることは言うまでもない。だが、産業としての戦略を考えるならば、第1章で見たように、やはり安定した品質の木材を生産できるようにすることが必要であり、そのためには「整備」だけでは済まない側面がある。それぞれの作業は、目指す品質を実現するための「育林」行為であることも意識し、効果が期待できる作業を行なうようにするべきなのである（写真2－2）。

　その手掛かりとするために、以下では、国内でもっとも古い植林の歴史を有し、最高級の木材として隠れもない吉野杉・吉野檜の産地である奈良県・吉野林業地の育林技術を紹介するほか、枝打ちをはじめとする育林技術に強いこだわりを持つ撫育《ぶいく》専門業者の仕事ぶりを見ていく。さらに、新たな林業経営手法のあり方を常に模索し続けている三重県・尾鷲《おわせ》林業地の速水《はやみ》林業の取り組みを紹介する。

写真 2-2　間伐と枝打ちが綿密に施された林分。緻密で均等な年輪の木になる。

❷ 究極のソート——吉野の形《かた》付《つ》け

木の寿命まで育てる

◉岡橋清元《きよちか》さん（山主・奈良県吉野町）

５００年間、木を選び続けてきた

吉野は間違いなく、日本で一番たくさんの木を選んできた林業地である。それは、植林が始まったのが５００年前の室町時代とされ、日本でもっとも古い林業地であるということが理由のひとつ。間伐する木と残す木を選んできた歴史の長さと経験の豊富さにおいて、吉野の右に出る林業地はない。

もうひとつの理由は、山の仕立て方が１haに１万本から１万２０００本もの苗木を植え付ける密植方式を採用していることである。通常の植え付け本数は３０００本／haとするのが一般的で、ちょうど畳２枚分の広さ（１坪）に１本を植える勘定になるので「坪植え」と呼ばれる。吉野の植え付け本数は、その４倍ほどにもなる。

しかも、多くの林業地が短ければ40～50年、長くても80年か１００年程度ですべての木を伐採し、跡地に植林するというサイクルで山林経営を行なってきたのに対し、吉野のサイクルは１００年を優に超え、２００～２５０年、あるいはそれ以上もの時間をかけて木を育て続ける。つまり、ひとつの林地で、たくさんの木を長期間にわたって選び続けるのが吉野林業なのである。

では、具体的に吉野では、どのような山の仕立てが行なわれてきたのか。本節では、吉野における五大林家のひとつとされる岡橋家（清光林業㈱、本社＝大阪市、現地事務所＝吉野町）と、現役の山守《やまもり》ふたりの手法を見ていく。

吉野の「通い道」

清光林業は江戸中期に創業し、吉野地域に１９００haの山林を有する。吉野の育林について勉強したいのだと、会長の岡橋清元さん（昭和24年生まれ）にお願いすると、ちょうど川上村内の所有林で選木作業があるので、その様子を見せてくれるという（写真2－3）。

岡橋さんによると、通常は春先に選木を行なっているが、その現場は台風の影響で延期になり、たまたま取材当日（平成26年11月）に実施日が当たったということであった。吉野林業の中心地は、川上村、東吉野村、黒滝村の3村とされ、中でも川上村はこの地の林業が発祥した地とされている。そこで選木作業を見ながら育林の取材ができるというのは願ったりのことで、こちらとしては運がよかった。

写真 2-3　岡橋清元さん。

岡橋さんが案内してくれたのは、川上村のほぼ真ん中を蛇行する吉野川沿いの国道１６９号線から脇道に逸れて、急坂を登ったところにある武木《たけぎ》という集落である。人家の途切れた奥に神社と寺があり、その脇の狭い駐車場に岡橋さんは車を停めた。すぐ上にはスギやヒノキの緑が迫っている。選木作業に来た人たちが乗ってきたのだろう。駐車場には先着組の車が何台かあった。

「ここも昔は大きな在所で、40軒くらいはあったんかな。今は過疎で若い人がいなくなってしまいましたけど。この寺も空き寺です。江戸末期には、天誅組《てんちゅうぐみ》がここから峠を越えて東吉野村に入ったところで幕府軍に待ち伏せされ、みんな殺されたんですわ。僕が子どものころ、那須信吾から矢立《やたて》をもらったというおじいさんがいました。あれは、たぶん本物だったんちゃうかな」

岡橋さんは、そんなふうにこの場所を説明し、「さあ、こちらです」と、人ひとりが通れるほどの道を歩き出した。道はすぐ山に入って、さらに幅が狭まり、ぐいっと傾斜が急になった。

「これは山仕事の人の道ですか？」

「そうです。通い道です。吉野はだいたい、こんなんです」

山肌につけられた道は、人の行き来で踏み固められた痕跡が続いている程度のもので、見た感じは獣道に近い（写真２‐４）。もっと、ちゃんとした道をつけたほうが車も入れるし、明らかに効率的だろうと思えるのだが、それがなかなか難しい。傾斜がきつくて条件が悪いこともあるが、問題はそれだけではない。

「吉野は１筆《ぴつ》ごとの面積が小さくて、筆数がすごく多い。１筆が０・00何haなんてところもあって、しかも持ち主がバラバラなんです。昔はまとまって持っていると災害があったときにいっぺんにやられるから、バラバラのほうがいい、という感覚があったらしいんですわ。そのため、零細で分散的な所有構造になってしまって、道を入れるには何人もの山主から了解を取らなければならないし、山がなくなるから道はいらん、という人もけっこうおるんです」

つまり、ある程度の幅の道を入れようとすると、所有林のかなりの部分が道に潰されてしまう山主が出てくる可能性があり、それなら道など必要ない、となってしまうのである。道がなければ、伐採した木を運び出すのも大変なのだが、吉野の場合、ヘリコプターで木を吊り下げて運び出すやり方（ヘリ集材）が普及していて、道の必要性を認めない風潮が根強くある。ヘリコプターをチャーターするのには多額の費用がかかるが、国内最高級の品質を誇る吉野杉・吉野檜なら、それくらいの費用をまかなうのに十分な売上が見込めたのである。さらに、山を大切にする土地柄だけに、道をつくることで林地を削ったり空間を空けたりすることへの抵抗感もあった。

岡橋さんは昭和50年代から道づくりに熱心に取り組んでいて、所有林にはかなりの

写真 2-4　吉野の「通い道」。道の傍らの木には作業に入っている人のリュックが架けられていた。

密度で2tトラックが入れる道が開設され、作業の機動性を高めている（写真2－5）。だが、そうした取り組みは吉野ではまだ珍しく、なかなか理解されていないのが実情である。

30年生でようやく3000本／ha

しかし、その吉野杉・檜も、以前の価格に比べると大幅に値下がりしていて、採算面では年々厳しさを増している。そのために山の手入れが滞るケースも増えている。実際、この通い道を歩き出したあたりにある若いスギ林は、あまり手入れされていないように見受けられた。

「ここは20年生くらいだと思いますが、立ち枯れしてる木もありますし、大きさや太さも不ぞろいですよね。以前の吉野には、こういう山はなかった。このくらいの年数なら、きちんとそろってきてるはずなんですけどね。ここは優劣がつき過ぎてる。逆に間伐はしやすくなってはいます。選ぶのが簡単ですから。本当は、このくらいの年数の山で選木するのは難しいんです」

確かに、ここなら間伐する木を選ぶのは難しくなさそうだ。私が見ても、あれは抜いたほうがいいなと見当がつく木がある。だが、本来の吉野の山なら、この段階ですでに優劣を判じにくくなっているはずだと岡橋さんは言うのである。

「吉野の場合、植林本数がとても多くて、1haに1万本から1万2000、1万3000本くらいの密度で植えるわけです。植えてから6、7年あるいは8年程度で除伐を行ない、20％くらい伐り捨てます。そこからは5年から8年くらいごとに間伐を繰り返していきます。間伐率は10％から20％くらいで、成長の度合いや林地の状況に応じて判断します。25年生から30年生くらいで、ようやく他所が植え付けるのと同じ

写真 2-5 岡橋さんは、大阪府の指導林家・大橋慶三郎氏から道づくりを学び、いわゆる「大橋式作業道」を所有林内に開設している。吉野杉や吉野檜をかつてのような高額で売ることが望みにくくなっている中、道づくりによって活路を開こうとしている。

３００本／ha程度になるんですが、それまでに質が劣った木や育ち過ぎた暴れ木は、だいたい除去されてしまいます。１万本植えたとしたら７０００本が抜かれて、まあまあマシな木が残っているということです」

「そうなると、選ぶのも、だんだん難しくなるのでしょうね」

「どれも同じような太さで良く見えますから、難しいんですわ」

「やっぱり、先々長く育てることができそうな木を残していくんですわ」

「そうです。ここらでは『永代木』（「えいたいぼく」あるいは「えいたいぎ」）と言うんですが、これくらいの大きさになってきたら、ドイツで言う『将来木《しょうらいぼく》』のように、ずっと残していく木をまず決めます。それを残しながら、配列が偏らないように注意して、邪魔になる木を少しずつ抜いていくのが吉野のやり方です。年数が経って古い木になると、間伐に入るペースも落ちていくわけですが、最終的に１２０年とか１５０年で皆伐するとしたら、15～16回は間伐に入っているはずです」

そんな説明を聞きながら通い道を歩き続け、気が付くと、それまでとは全然違う林相の山が目の前に広がっていた。大人でも抱えきれそうもないスギの大木が、文字通り、林立している（写真２‐６）。

「これ、１４０年くらいしてる山です。ここが今日の現場ですわ」

山守の最高位「鉈《なた》取《ど》り」

吉野では選木、つまり間伐する木を選ぶ作業のことを「形付け」とか「付け木」とかと言う。単に「付ける」とも言う。「付け方がいい」とか「付け方が悪い」とか、あるいは「付けに行く」といった言い方をする。

形付けの仕方は、所有規模や林地の面積、山主と山守（72ページ、コラム参

写真 2-6　この日の形付け（選木）現場。140 年生の大木が立ち並ぶ。

照）との関係や風習など、それぞれの条件や事情によってさまざまである。岡橋家の場合、「鉈取り」と呼ばれる選木担当者のほか、間伐する木に印を付ける「刻印打ち」、その木の大きさや品質などのデータを「手板」と呼ぶ帳面に記録する者がセットになって行なわれる（写真2－7）。作業の手順はこうだ。

　まず鉈取りが間伐する木を決め、谷側の根元を「形付けヨキ」という柄の長い鉈ではつる（樹皮を削り取る）。そこにすかさず刻印打ちが、山主が誰かを示す刻印を打つ。刻印には墨が塗ってあり、削られたばかりの白い木肌に黒々とした印が付く（写真2－8）。岡橋家は「㊂」（まるさん）の刻印である（写真2－9）。間伐するときは、刻印が打たれた木しか伐ることができない。谷側の根元は伐根として残るから、刻印が打たれていない伐根があれば、それは

写真 2-7　形付け作業は３人１組で行なわれる。写真に写っている２組のほかにもう１組、計３組で作業が進められる。

写真 2-8　形付けの作業。鉈取り（①左）は選木した木の谷側の根元を鉈で削り、山側にまわって目通りを測る。刻印打ちは鉈取りが削ったところに墨を塗った刻印を打つ（①右）。手板の担当者は、鉈取りが唱えた目通りや品質を帳面に書き取り、刻印を打ったところに通し番号を書き付ける（②③）。

その木が無断で伐採されたことを示す。つまり、刻印を打つことは、盗伐防止にもなる。

鉈取りは、根元をはつると山側にまわって、目の高さで木の外周（目通り）を測る。これを「サシを当てる」といい、測った長さとその木の等級、傷や腐れといった欠点の有無をよく通る声で唱える。手板の担当者は、それを復唱し、帳面に記録する。そして、根元の刻印が打たれた脇に、通し番号と目通りを書きつける。この一連の作業を繰り返すのである。目通りを測るのは材積を出すためで、吉野では樹種や木の太さごとに一定の係数が決められていて、目通りと係数を利用した計算式により、だいたいの材積が把握できるようになっている。

岡橋家では、形付けの際には、その山の山守以外の人間が鉈取りを担当するというやり方を通してきた。山守は、付けられた木の売買にタッチする直接の利害関係者であるため、「当家《とうや》」として作業を見守る立場となり、鉈取りには選木技術の高さが認められた別の山守が頼まれる。その費用は旦那（山主）が負担する。手板記帳者も旦那が手配する。刻印打ちは「当家さんが手配する仕事師」（岡橋さん）であり、山守がその費用を出す。

ただし、これはあくまでも岡橋家のやり方であって、旦那の所有規模が小さいと何人もの山守がいるわけではないから、旦那と山守が相談しながら付ける場合もある。規模とは関係なく、もともとそういう取り決めで付けてきた山もある。

このように形付けはさまざまな方式で行なわれるが、いずれにしろ鉈取りの責任は重大である。間伐する木を選び、その品質を見極めることによって、その場の商いに大きな影響力を持ち、何よりも山の行く末に責任を持たなければならない。目先の収支にとらわれて山をおかしくすることがないように、確かな技術が求められる。

「だから、鉈取りができる人は、山守の中でも一番位が高いんです。技術の低い下手な人は、鉈を持たせ

写真2-9　刻印。岡橋家の印は「㊂」である。

てもらわれへん。一生、刻印打ちだけという人もいます。それだけ厳しいんですわ。いい加減に付けられたら、山がわや（台無し）になってしまいますから」

コラム

吉野の山守制度

よく知られているように、吉野林業には独特の山守制度があり、それぞれの山は岡橋さんのような山主（山旦那）に代わり、現地に住む山守によって管理されている。もともとは地元の住民が山を所有していたが、維持費や管理費を工面するため、外部の有力商人や豪農に地上権を譲渡し、自分たちは現地で管理を担当する立場になったのが、このシステムの始まりだといわれる（いわゆる「借地林業」。明治・大正期になると、土地自体も山主に譲渡された）。

形を付けられた木は、戦前までは和歌山など下流域の木材商が買い付けていた。その際に山守は伐採搬出の手配を担当し、木材売買に関する金銭のやり取りは旦那と木材商との間で行なわれた。それが戦後になって山守たちが地元に共同で原木市場（吉野木材協同組合連合会、所在地・吉野町）を開設したことにより、形付けされた木を旦那から山守が買い取り、自分たちが運営する市場に出荷する方式が普及した。

具体的な手順を、岡橋家を例に紹介すると、鉈取りの形付け結果が記録された手板は複写されて旦那と当家に渡され、それぞれが木の品質や伐出経費、相場の見通しなどを踏まえて見積もりを作成し、売買交渉に臨む。取引が成立すると契約書が交わされ、当家はその契約書を市場に示し、市場に出荷することを約束した誓約書を書いて、旦那から木を買うための資金を市場に融資してもらう。市場を開設し、こうした金融システムを導入したことにより、山守は伐採搬出に加えて、木材（素材＝丸太）の売り買いにも直接携わる伐出業者兼素材業者になったのである。

ただ、こうした取引システムは木が高く売れ、相場も上げ基調であるときには山守にとって旨味があるので機能していたが、価格が低迷しているときは山守もリスクを恐れて仕入れを控えるため、最近は戦前までのように伐出だけを担当するケースも増えている。その場合、付けられた木は旦那が荷主（出荷者）となって原木市場に出荷することになる。

春に形を付けて土用に伐る

「形を付けるときは一番てっぺんまで上がって、下りながら付けていくんです。ほら、今やってますでしょ」

岡橋さんが指し示すほうを見上げると、尾根近くに何人かの人影が動き回っているのが小さく見えた。下りながら作業するのは、上から見たほうが木の上のほうまで見やすく、穂の状態をよく確認できることや、枝の少ない木表（幹の山側）を見たほうが木の良さがよくわかることなどの理由がある。下りのほうが歩くのが楽で、選木作業に集中できるということもある。これは吉野に限らず、選木を行なうときの鉄則である。

遠目に見ていると、時折り、「カッ、カッ、カッ」と根元をはつる音や「カンッ」と刻印を打つ音、目通りを唱える声が聞こえてくる。人数と配置からすると、どうやら２組で作業しているようだ。

「いや、今日はもう１組、離れたところに入ってるので、３組でやってるはずです。もっとも、本来はこんな時期にはせえへんのですわ。だいたい春に付けて土用に伐るんです。普通の段取りだと、最初に葉っぱがなくて刈りやすい冬場の１月とか２月に下刈りをします（作業の邪魔になる灌木類を刈ること。灌木が生えていると見通しが悪いので選木作業に支障を来し、歩きづらいので効率も落ちる）。そうしておいて４月か５月に形付けをして、７月20日くらいから８月のお盆前くらいに伐ります」

「そのころは水を吸い上げなくなってるわけですよね」

「そうです。だから残存木に傷が付きにくい。５月や６月だと、伐り倒したときにちょっと当たっただけで傷が付いてしまいますから。土用に伐るのは、スギの場合、皮が剝きやすいから、という理由もあります。これだけ大きくなると皮は使いませんけど、直径40㎝くらいの木から剝いた杉皮は、けっこう需要があるんです」

「スギは葉枯らし（伐り倒した木を枝葉が付いたまま放置して乾かすこと）をするんですか」

「ええ。半年くらいは乾かして軽くします」

「ここは今日、形付けをしているわけですが、いつ伐るんでしょうか」

「たぶん、すぐ伐ると思います。水が完全に止まってるので、いつでも伐れますし、この木は皮を取りませんから」

まんべんなく、少しずつ抜く

形付けの作業は進み、さっきは小さくしか見えなかった人影が、すぐそばまで降りて来ていて、作業の様子を間近に見ることができる。

鉈取りは、時に立ち止まって周囲を見渡し、樹冠を見上げ、見当を付けた木の根元まで歩み寄って、根の張りや幹の様子を観察する。刻印打ちと手板の担当者が、これに付き従う。鉈取り、刻印打ち、手板の担当者の順で、鉈取りが足を止めれば、ほかの2人も止まる。鉈取りの動きに合わせて、3人の列が形付けの軌跡を林内に描いていく（写真2－10）。

付ける木が決まると列が崩れ、3人はそれぞれの持ち場に付く。鉈取りが根元をはつり、刻印打ちが「カン！」と刻印を打つ。山側に回ってサシを当てた鉈取りが目通りを唱え、手板の担当者はそれを復唱して記入する。さらに根元にかがみこんで刻印の脇に通し番号と目通りを書きつける。そのときには、もう鉈取りと刻印打ちは次の木を目指して動き始めているので、手板の担当者もすぐにそれを追いかけ、また列が形成

写真2-10　選木した木でひと通りの作業を済ませると、また次の木に向かう。鉈取り、刻印打ち、手板担当者の順で形成された列が林内に形付けの軌跡を描いていく。

される。根元をはつり、刻印を打つ音と、目通りを唱える声を断続的に響かせながら、形付けの列は下へ下へと少しずつ移動していく。

カッ、カッ、カッ（根元をはつる音）
カン！（刻印を打つ音）
「１８０のスギの2等！」（鉈取りの唱え）
「１８０のスギの2等！」（手板担当者の復唱）

カッ、カッ、カッ
カン！

「１６５、スギ！」

「１６５、スギ！」

「元１m、なんかありますわ、目割れか瘤か」

「はい！」


目通りが１８０㎝あるいは１６５㎝ということは、単純に円周率で計算すると、直径は50〜60㎝くらいということになる。それは、あくまでも山側に立ったときの目の高さの太さであり、谷側の根元付近に視線を合わせて見上げると、優に１mくらいの太さがありそうに見える。１４０年間育てられてきた堂々たる大木である。その木を間伐しようというのは、どういう基準で木を選んでいるのだろうか。

「劣勢木、つまり曲がっていたり傷があったり、成長が衰えたりしている木を選ぶわけです。ほら、あの木なんか、幹に古い傷が付いてますでしょ。この先も育つかどうかは、てっぺんの穂を見てもわかります。

穂が立って勢いのあるやつはいいんですが、丸くなって勢いが止まり出したら、この先１００年育てようといっても、それは無理ですわ。伐らないとあかん。いま伐れば、ちゃんと価値を評価してもらえますけど、放っておくとシミが出たりして質が悪くなってしまいます」

なるほど。だが、１００年以上選りすぐられてきた木の集まりである。簡単に優劣が付けられない場合もあるだろう。

「基本は永代木に悪さをしてるやつを選ぶわけですが、優劣つけがたいやつもあります。その場合は、足の配置というか、配列がよくなるほうを残します。木が等間隔になるようにするわけですね。まんべんなく、きれいに並ぶようにする。それが大事です。だから多少悪い木でも、それを抜いて空き過ぎるようなら残すんですわ。光を入れ過ぎたくないし、一番怖いのは風が入ってくることです。吉野は密植ですから、みんな植えたときからもたれ合って、助け合いながら生きてきたわけです。あんまりガバッと空けたら、このくらいの年数の木でも弱いんですわ」

「だから、ああいう木（片枝で幹に瘤がたくさんある）も残す場合があるわけですか」

「あれは配列のこともあるし、倒すのに手間がかかりそうなので残したんじゃないかな。たとえば、倒そうというところに岩があったりすると、残すこともあるんです。それに、この木の場合は伐ってもタダ（質が悪いので売れない）やと思うんですわ。手間ばかりかかるから、当家によけいな負担をさせないように残したんじゃないかな。でも、ひょっとしたら、やっぱり伐るかって、また付けに来るかもしれませんけど」

「なるほど、考えることがたくさんあるんですね。それにしても、そんなに多くは付けてないように見えますね」

「伐り過ぎはダメですから。少しずつ抜くのを何回も繰り返していく。これがよかったんですわ、吉野は。いっぺんにたくさん付けると山がおかしくなる。そのときは儲かっていいかもしれないけど先がなくなってしまう。将来ずっと収入があるように、何べんも山に入って大事に育てるのが持続可能な林業だと思います」

「落ち木付け」はアホでもできる

この日、岡橋さんは、このほかにも川上村内の山を何カ所か案内してくれ、岡橋家がこれまでどんな山づくりを行なってきたのかを詳しく説明してくれた。

驚いたのは、このように目利きの鉈取りを頼んで念入りに選木するやり方を、岡橋家ではまだ若い山で除伐するときから取り入れているということである。

「今までは除伐から、すべてやってたんですわ。そやから山はよくなってたんですわ」

「除伐から、ですか」

「というのは、若いころのほうが付けるのが難しいんです。特に20年生とか30年生くらいまでは、ようけ伐りますでしょ。そやから、そのときはベテランの鉈取りを連れていくんですわ。30年生くらいになるまでに失敗されると、山はわやになりますのでね。１万本も植えたやつから悪いやつを７０００本伐るはずが、ええやつを伐られたら、さっぱりですから。残った木は精英樹《せいえいじゅ》として種も採るわけですから、良い木を残してもらわな、あかんわけですわ。そういう目をもった木の質がわかる人に付けてもらうんです」

「それは、どんなことが基準になるんですか」

「たとえば根の張りでも、片方に偏って張ってるやつがあるんですわ。逆に四方にきっちり張ってるやつは２００年以上育つだろうなということで残すんです。太くなりすぎてる暴れ木なんかも、たいがいは早いうちから伐っておきますね。あんまり成長が早いと周りの木を抑え込んでしまいますでしょ。そういうのを若いときから見極めるんです。

あと、細すぎる成長の悪い木も抜くんですけど、中には細くても素性の良さそうなやつがあるんですわ。根が均等に張ってて幹もまん丸でね。今は小さくても晩生《おくて》なだけで、ひょっとしたら将来楽しみかもしれん、ということになったら残すんですわ。そういうのは次に入ったときは立派に育ってて、永代木になるかもしれんのです」

聞けば聞くほど納得するしかないのだが、岡橋さんの言うように、これはかなり難しい作業なのではないか。だからこそ経験豊富なベテランが頼まれるのだろうが、あまり経験のない人だと、良い木まで伐ることがないようにと、付け方が消極的になることもありそうな気がする。

実際、15〜20年生くらいの若い林分を見ているときであった。岡橋さんが「これは下手な付け方をしてますわ」と顔をしかめるのである。

「ここはウチの山ではないんですけど、大勢に影響のないものばかり選んで付けてますね」

「あまり伐ってないようですね」

「難しすぎて『落ち木付け』ばかりしとるんですわ。落ち木っていうのは、質が悪いことがはっきりしていて誰でも伐る木です。こういう付け方をすると、昔のベテラン山守だったら、だいぶ怒るでしょうね。『落ち木付けはアホでもするんじゃ！』ってね。ここは若い子ばかりで入ったんじゃないかな。もっと思い切ってやらな、間伐の効果が上がりません」

どんな木も山側に倒す

ただ、さすがに吉野だなと思ったのは、「落ち木付け」だと岡橋さんが憤慨してみせたこの山にしても、ほかの場所の40年生くらいの山にしても、間伐された木の伐根を見ると受け口（木を倒す方向につける切り口）がすべて上を向いているのである。これは、どの木も山側に向けて倒されたことを示している。

もちろん、年数を経た大木なら、倒れる衝撃で木が傷むのを避けるために山側に倒すのが鉄則なのだが、ほかの産地では40〜50年生くらいまでなら、あまり頓着せずに谷側に倒すケースが多いように見受けられる。そのほうが重心を利用できて作業が楽だからだ。だが、ここではあえて重心とは反対の山側に倒しているのである。

「これ、伐るときは山側に倒すんですね。こんなに細くても」

「だいたい山側に倒しますね。掛かり木になりにくいし、ゆっくり倒れるから残存木を傷めません。間伐するときには必ず引き綱（ロープ）を幹にかけますから、思うところに倒せるんです。密植しているから枝がなくて、綱も上げやすいんですよ。かなり上まで簡単に上がります。追い口に矢を入れて綱を引っ張る。ひとりでもできますよ。もっとも、最初の伐り捨ては谷にも倒しますけどね」

谷側に倒すのに比べ、山側は手間こそかかるが、倒れるスピードは遅くなるし、仮に残存木に触れても、その衝撃は谷側に倒れるときほど激しくはない。何しろ２００年あるいはそれ以上も育てようというのである。万一にも傷がつかないように注意するのが、むしろ当たり前なのだと納得した。

２５０年、９９００本を形付けした山

１haに１万本あるいは１万２０００本もの苗木を植え、まだ小さなうちから将来性を見定めて何度も形を付けていく。５００年の歴史で培われたノウハウを駆使して選び抜かれた木が成長を遂げた山は、どのような姿になるのか。２００年あるいは２５０年という長い年月をかけ、人の手で育てられてきた山の姿を、われわれは吉野でなら確かめることができる。

岡橋さんが所有しているその山は、別の山主から整備を頼まれているという40年生くらいの山から少し奥に入ったところにあった。自ら開設したという道を登り切ったところで停めた車から降り、岡橋さんは「これが吉野の最終形ですわ」と言って、道の上に広がっている山を見上げた。

そこには、すごい山があった。根元からすうっと伸びた姿の良いスギの大木が天を突くように立ち並び、山肌を奥まで埋め尽くしているのである（写真２－11）。「２５０年生ですね。ここまで育てれば、まあホンマの長伐期というやつですわ」

途方もない人為の積み重ねがもたらした光景。それが、そのままこちらに押し寄せてきそうな迫力を前

に、私はただ圧倒されるしかなかった。「すごいな、これは」と何度も唸ってしまう。

「これも1万本から始まったんですよね……」

「いま１００本ほどですわ。２５０年で９９００本を間伐してきたわけですわ」

「簡単にはつくれませんね、これは」

「これが30年生くらいまでに選りすぐられた中から、さらに選んで残してきた結果、永代木になった状態です」

「目通りは３ｍくらい……」

「まあ、そのくらいはあるでしょうね」

「高さは……」

「一番高いやつで44ｍだったかな」

「それでまだまだ成長するんですね」

「そうですね。ここはまだまだ伸びるねって藤森先生[1]も言うてましたわ。あはは」

「まだまだ育てるわけですね」

「吉野では、自然枯死するような限界になるところで皆伐するんですわ。80年や１００年で全部伐る人もいますけど、もともとは何年で皆伐するというようなものではなくて、木の命と地力が限界になるまで育てる。『岩《がん》に到達したんや』なんて言いますけど、そうなったら皆伐するわけです。そし

写真 2-11　250 年生の吉野杉の美林。250 年間で 9900 本／ ha が間引かれ、永代木ばかりが 100 本／ ha の割合で山を埋め尽くしている。

て再造林する。吉野はそうやってきたんです」

岡橋さんの話を聞きながら、私は以前、本節の後段で紹介する川上村在住の山守、民辻善博さんから聞いた話を思い出していた。もう10年も前になるだろうか。やはり川上村に取材に来て、晩に民辻さんと酒を酌み交わしていたときのことだった。「赤堀さん、吉野林業の真髄って何か、わかりますか」と、民辻さんが問いかけてきた。

「さあ、やっぱり密植・多間伐で良い木を育てることなんでしょうか」

「いや、違いますね。品質なんて、その時代時代でいろんなニーズがあって評価が変わりますやろ。吉野の木が良いっていうのは、それは私も良い木だとは思いますけど、結果論なんですよ。そんなことじゃなくて、私らは木の命をまっとうさせようと思うて育ててきたんですよ。ずっと育て続けて、そろそろ命がなくなるかもしれんという、その前の生きた良い状態のときに伐ってやる。そこまで育てる。200年とか250年とかの木があるというのは、そういうことなんです。それが吉野林業の真髄やと私は思うてます」

寿命が来るまで育てる。木の命をまっとうさせる。やさしそうな眼をして、しかし、少し誇らしげに民辻さんは語ったものである。

目の前の250年生の木々には、素人目にも生命力がみなぎっていて、限界などまったく感じさせない。次に形を付けるのは、いつになるのだろうか。その現場にぜひ立ち会ってみたいと私は思った。

垢抜けた山をつくる　◉小久保昌巳さん（山守・奈良県川上村）

一瞬の選木で経済性と山づくりを折衷

川上村在住の小久保昌巳さん（昭和22年生まれ）は現役の山守のひとりで、いくつもの山を山主に代わっ

（1）藤森隆郎：農学博士。森林管理や森林生態が専門の研究者。

て管理している（写真2－12）。取材当日は同村役場のすぐそばで待ち合わせ、まずは小久保さんも組合員になっている川上郷木材林産協同組合の事務所で話を聞いた。

小久保さんは、山守たちが開設した吉野木材協同組合連合会の原木市場で平成23年度まで役員を務めていたこともあり、価格の動向にはとても敏感だ。そのため、最高級の吉野材とはいえ、以前に比べると丸太の価格は大幅に値下がりしており、従来のような山づくりを継続するのが難しくなっていることをベテランの山守として痛感している。

「今までは永代木には、まず手を付けなかったんですが、100年生を超えるような山でも間伐の採算を合わせようと思ったら、そうも言ってられません。優秀な木にも少しは手を付けなければ収益が確保できませんし、山守もやっていけません。ですが、林相がぐちゃぐちゃになってもいけませんから、付ける数を少な目にします。大切なのは、あくまでも配列で、経済的に成り立つように良い木も抜きながら、配列を間違えないようにする。今はそういう折衷案みたいな間伐をやっているわけです。これは難しいですね」

「けっこう、じっくり選ぶことになるのでしょうか」

「ゆっくりやってたら日が暮れてしまいますよね。以前、まだ若い70年生くらいの山で研究者の先生に選木を見せたときに、この木とこの木は被圧木だから抜くと最初に決めたら、それで配列がどうなるかを判断する、あそこに凍裂がある木がある、それを抜くから、あれとこれも抜いて、こっちの木を残す――というのを瞬間的に判断するんだって説明したら、『もうちょっと、ゆっくりやってくれ』と言われるんです。でも、私らは町歩（ha）単位でやるんですから、ゆっくりと言われてもね。一番高いのは人件費なんですから」

「経済優先の場合はどうですか」

「その先生に説明していたときも、収益を確保するために、この1本は抜くんだけど、そのために被圧木

写真 2-12　小久保昌巳さん。

で本来は伐るべきはずのこっちを残したっていうのがありました。でも、次の間伐では、これも伐ることになりますって説明したら、『そんな細かいことまで考えるんですか？』という。それは劣勢木や暴れ木だけを伐るんなら楽ですけど、そんな単純ではありません。たとえば、上が二股になっている木でも、元（元玉）と二番がまっすぐでおとなしければ、それは十分お金になりますから残すことがあります。元と二番の売上が、その木の値段の90％以上になるわけですから」

おそらく小久保さんは、話しながら頭の中に具体的な林相のイメージが、いくつも湧き上がってきているのだろう。だが、こちらはそうもいかない。今は録音データをもとに書き起こしているわけだが、そのときは不得要領顔をしていたのだと思う。小久保さんは「実際に木を見ながら話しましょうか」と言って、組合の事務所から車で5分ほどの道の上下に60～70年生くらいのスギが植わっているところに連れて行ってくれた。

木の配列は千鳥の目

現場はすぐ隣に川上村の見学コースとしては定番になっている２５０年生くらいのスギの美林があり、私もここには何度も来ている。だが、現金なもので、隣の若い林分には、これまでさほど注意を払ったことがなかった。

「ここは被圧された木や曲がった木がありますよね。ですが、単純に悪い木だけを抜くというわけにはいきません。問題は足をどうそろえるか。どうすれば配列がよくなるかです。たとえば、この細い木は、今回は付けるのは見合わせて置いておきます。１本くらい悪い木があっても配列を優先するわけです。ただ、方角の見方が違ったり、木の良し悪しを重視したり、そのへんは人によって微妙に変わることはあります」

「でも、基本は配列なんですよね」

「基本的には、上下に被圧の関係をつくらずに、千鳥の目（格子状の配置）にするんです。ただし、斜面のどの方向を上にするかでずれるんですよ。人によって見方が違うことがあって、形付けのときに流儀の違う人がひとり入ると困るんですよね。こっちが残そうと思ってる木にツカツカって近寄ってポーンと付けてしまわれると、その1本のために全体の配置が狂ってしまうんですわ」

この現場は、道の下側は川岸であるためか、道の上よりも成長が早いように見える。暴れ木というのだろうか、明らかに太り過ぎていると思われる木もある。

「川もありますが、道の影響がありますね。道端は日当たりがいいから、一気に大きくなるんですよ。特に上から被圧されない道の下側が大きくなります。すごく急激に成長しているから肌が粗いですよね。皮の割れが深くてごつごつしている。幹を見てください。成長が早すぎると、書付（山守が山を見回った印に、樹皮を薄く削って持ち主の名前や日付を書き付けたもの）の字も早く薄れていきますから、すぐにわかります。

あと、暴れ木というのは、いろいろなんですよ。単に成長が良いだけとか、芯は締まっているのに途中からぐわーと大きくなっていたり、最初は早く太って芯は粗いのに途中から止まっていたり」

聞けば聞くほど、小久保さんからは、いくらでも選木の判断要素が出てくる。それもまだごく一部なのだろう。

「吉野はヘリ集材ですから、その要素も考えなければいけません。大型ヘリなのか小型ヘリなのかで変わってきます。この木を抜かないといかんのだけど、小型のヘリではこれは上がらんわ、だったらやめとこ、とか。さっき、元と二番で売上のほとんどになると言いましたが、ヘリはコストがかかるから、お金の取れるところしか運ばないということがあるわけです。まあ、いろんな要素があります。ちょっと吉野は複雑すぎますけどね」

垢抜けた山

そのようにいろいろな要素がある中で、どのくらいの林齢の選木が一番難しいのだろうか。小久保さんに尋ねると、１００年生くらいが難しいという。そして、30年生くらいまでの林分は、そうそう失敗はないという。

「さっきも言いましたけど、いまは永代木に手を付けざるを得なくなってますから、それでいて良い山にもしていかなければならないっていうのが難しいんです。以前なら残していたはずの永代木に付けると、それで配列が変わってきますし、どんどん複雑になるんですよ。それくらいの木なら、昔は大まかにつかんでおけば、できたんですけどね。

逆に若いうちはまだいいんです。吉野は密植ですから本数がたくさんありますでしょ。ちょっと失敗したなと思っても取り返せます。若い山を見に行ってね、下手くそな付け方をしとるなって思っても、10年くらいすると何とかまともな山になってたりするんです」

そういうことか。だが、岡橋さんは若いころに念入りに選木することが大切だと言っていた。このあたりは流儀の違いもあるのだろうか。

そんなことを考えていると、「まあ、しかし、まともになるとはいっても、まばらな山になりますけどね」と小久保さんは付け加える。「まばら」というのは、やはりちょっと難があるということらしい。

「バランス良くしないとダメなんですよ。若いときからきっちり付けないと、やっぱり垢抜けた山にはなりません」

「垢抜けた山、ですか」

「そうです。ちょっと見に行きましょうか」

そう言って小久保さんが連れて行ってくれたのは、粉尾《そぎお》という小さな集落だった。ここに小久保さんは住んでいるのだという。岡橋さんに連れられて行った武木と同じか、それ以上に傾斜はきつく、「ここが私の自宅です」と小久保さんが教えてくれた平屋の家は、道路から見下ろしたわずかな平地にあって、道よりも低いところに屋根がある。敷地に行きつくまでには、階段を何段も降りなければならない。

その自宅から、さらに少し上がったところで、小久保さんは道の上を指さし、「あのガードレールの上の木です。4町歩半あります」と言う。

これも見事な山であった。樹種はヒノキ。林齢は１２０年生近くになっているという（写真２－13）。しかし、それほど太くは見えず、むしろシャープな印象を受ける。そう思ったところで、これは上方によく伸びて根元から枝下までの太さがあまり変わらず、しかも幹がまん丸であるためにそう見えるのだと気づいた。緻密な密度管理と枝打ちによって、文字通り、撫ぜるように育てられた結果なのである。

「あまり太いようには思わんでしょ」と小久保さんが落ち着いた口調で言う。同じ形のすっきりとした樹形の木が斜面をみっしり埋め尽くしている光景には、静かな迫力があった。持ち主は吉野の有力林家で、山守は小久保さんである。

聞けば、この山は前回の間伐から10年も経っていないという。いったい、どこをどう抜いたのか。こちらの眼力も不足しているからだろうが、まったく見当がつかない。

「こういう山も配列で形を付けるんですか。どれも同じように見えますけど」

「ヒノキのこのクラスになると、似たようなものすごい良い木ばっかりが並ぶんですわ。配列もまんべんなく並んでるんです。だから、しょっちゅう形付けをしている人でなければダメですね。慣れた人は、ここっというときにスパッとこれを抜いとかないかんという思い切りができるんですよ。ポンポーンと、これ

写真 2-13　小久保さんが山守として管理している山。120 年生のヒノキが整然と立ち並ぶ。

とこれだけは抜いとかなあかんというのが経験でわかる。それでね、10年後くらいに見に来たら、あのときに思い切って抜いたところがわからんようになってるな、きれいな配列になってるな、となるんです。そういう先々の姿が、ちゃんと頭の中に描けるようでなければ難しいでしょうね」

「そういうふうに形を付けながら、ここまで育ててきたわけですね」

「これだけきれいに並んでるということは、やっぱり間伐の回数ですわ。とにかく遅れんように遅れんようにとね、やらないかんのです。結局、山主さんにとって大事なことは、選木できる人材を育てるか、技術のある人を見極めることですね。自分が頼んだら、あの人はちゃんとしてくれるという人を確保しておくことが一番大事です」

山主と山守の信頼関係が原点

吉野林業の形付けの技術は、その長い歴史の中で数えきれないほどの木を選び、山の推移を見守る中で育まれてきたものである。それを可能にさせたのは、もちろん山主としての旦那の経済力もあったであろうし、最高級の吉野杉・吉野檜がもたらす経済的なメリットもあったろう。

だが、それだけではなく、旦那と山守のそれぞれの家と家とが互いに信頼を寄せ合い、強く結び付いていたことが大きいと小久保さんは説明する。

「山づくりというのは個人がするものではなくて、家に引き継がれるものなんですわ。山主が山守の家の者を信頼して山を任せた。任せられた山守は、もちろん自分の利益になることでもあるから、一生懸命がんばって良い山をつくる。その次の代にも、次の次の代にも、それが引き継がれ、木も大きくなったから、ぼちぼち収入間伐をして山守が儲かるようにもしようやないかと山主も考える。そうやって山づくりは続いてきたものなんです」

そんなふうに説明し、最後に小久保さんは、若いころに先輩の山守から聞いたという話を次のように聞かせてくれた。

今の山主さんたちの先々代くらいの話だそうです。こっち（川上）までは木炭のバスが通ってただけという昔の不便な時代ですわ。

ある山主さんが自分とこの社員の人に、川上のほうに行って山を見てこいって頼んだらしいですわ。そしたら、帰ってきてね、どこそこの山はこれくらいの大きさになってました、こっちはよく成長してました、ここはちょっと雪にやられてましたとか、報告したらしいんですわ。

そんで、山主さんが「山守の家の様子は？」って尋ねたら、社員の人は「はあ？」って言うて、答えんかったらしいですわ。

そしたらね、お前は何を見てきたんや、あそこには、もう嫁にやらんならん娘さんがおるはずやから、その子を嫁にやるんやったらお金もいるやろうと。そやから、どこそこの山を付けて、生業《なりわい》にするようにって、そういうのを見てこんかったんかって言うてね、山主さんはたいそう怒りはったということですわ。

ですから、次の代のことまで話をしとるんですね。あそこに、もう年恰好のええ子がおって、ぼつぼつ嫁さんをもらわんならん、それやったら、ええ子おらんのかって、そういうことを山主さんたちは当たり前に言うとったんやと思うんですわ。いま話したように、山を見てきた報告よりも、そっちをね、山主さんはものすごく一生懸命聞いとったという話ですわ。

おんなじ山守さん同士の年輩の人から、そういう話を聞かされましてね。そうやなあ、人間関係で成り立っとるから、そこの家のそんなことまで心配してくれとってんなあ、そらあ一生懸命になって山づくりするやろなあ、という話をね。

だから、やっぱり家と家の付き合いなんです。

育林は生活そのもの　◉民辻善博さん（山守・奈良県川上村）

山守の本分は育林

木の命をまっとうさせる——。それが吉野林業の真髄なのだと教えてくれた川上村在住の山守、民辻善博さん（昭和22年生まれ）には、山守の本分は木を育てることなのだという信念がある（写真2－14）。

進学のために村を離れていた民辻さんが大学を卒業して村に戻ってきた昭和40年代半ばは、日本は高度経済成長の真っただ中であった。都市部で住宅が次々と建ち、木材が飛ぶように売れた。超高級材である吉野杉や吉野檜は高値で売れ、吉野林業は好景気に湧きかえっていた。大阪・北浜の株式市場で「吉野ダラー」という言葉が飛び交った時代である。山守も山旦那から木を仕入れて売れば、面白いように儲かった。だが、そんな山守の姿に民辻さんは違和感を抱いたという。

「あのころは馬鹿ッ景気でね、旦那から山を買えば、いくらでも儲けられた。山守が木を売って儲ける木材業者になってしまったんですわ」

「相当な儲けだったんでしょうね」

「儲けるのは山持ちさんがやればいいことなんですよ。僕は木を育てるのが山守の本分やと思ってたし、撫育一本でやりたいという気持ちがあったから、これはおかしいなと思ってた」

民辻さんによると、本来の山守の収入は、間伐や皆伐で木材の販売収入が生じた際に、売上から経費を差し引いた利益の5％なり3％なりという取り決めがあり、そのほかには枝打ちや下刈り、山の見回りなど、日常の育林作業に対して旦那から日当が支払われた。

写真2-14　民辻善博さん。

また、選木や間伐などの作業の際に山守同士がお互いを雇い合う習慣もあり、その際に受け取る報酬も収入の一部になった。木を育てる行為の対価や、育てた結果の報酬が山守の収入なのである。だからこそ育てる技術が尊ばれた。ところが、木がいくらでも売れるものだから、みんなその儲けに夢中になっていた。

「今、植えている山の地味がどうで、東西南北の向きがどうだからこうだ、風の当たり具合からすれば２００年はおける（育てられる）とか、スギが中心の山だとか、ヒノキが中心になるとか。そういうトータルでこういう山になる、という話をしながら山の手入れをする人が当時はほとんどおらんかったんですわ」

他人の流儀も学びの対象

だが、そういう中でも育林に精を出す山守はいた。民辻さんの祖父も、そのひとりだった。民辻家は村内の高原《たかはら》という集落に住み、民辻さんの曽祖父の代から山守を家業としていた。4代目を継ぐことにした民辻さんは、2代目である祖父に付いて山に入り、山の見方や木の育て方を習った（写真2－15）。

「戻ってきたころは祖父がまだおりましたんでね。一緒に山に行くと、『ここは１００年にいっぺんくらいの台風で必ず折れるから、70年くらいで皆伐するつもりで育てろ』とか、『ここは土砂崩れが起きやすくて抜けやすいところやから、ケヤキとか根が深く張る木を谷筋に必ず残せ』とかね、いろいろ教えてくれたものです」

「２００年以上育てる山と、70年くらいで皆伐するつもりで育てる山とでは、育て方が違うわけですか」

写真 2-15　民辻さんが祖父から「100年に一度、台風の被害を受けるから、70年生で皆伐するつもりで育てろ」と教えられた山。現在、60年生。これまでの売上で保育にかかった経費はすでに回収され、利益も出ている。皆伐するのは「実際に台風の被害に遭ったとき」（民辻さん）という。

「そらあ、全然違います」

「それぞれの山の条件や特徴をよく知っておかなければダメだということですね」

「はい。祖父は、ここはスギを植えたらアカンとか、ヒノキを植えたらアカンとか、その都度言ってくれました。あそこに岩が見えとるけど、あそこは土が浅い、だからヒノキを植えておけとかね。そういうことを考えながらしとるとね、けっこう面白いんですよ、山というのは。こんな草があるからとか、こんな花があるからとか、いろいろなことが見えてくるんです。植物のことかとか、昆虫のこととかもよく調べたものです」

「なるほど」

「あとはね、あの山はこういう感じ、この山はこういう感じという、地元の山のことを全部知っとらんと、山守は務まらんとも言われた。他人《ひと》の山も覚えとけよと言われました」

「それは、どういうことですか」

「たとえば、自分が管理している山の隣りの山が雪害を受けやすいところだとしたら、隣りの木が雪で折れかかってきても耐えられるように、境界には雪害に強いヒノキを植えておこうとか考えるわけです」

そのように祖父から教わるほかに、民辻さんはほかの山守が管理する山での選木作業に参加したり、間伐前後の様子を観察したりして、山を見る目を養った。

「ほかの山の『付け木』（形付け＝選木）に参加してね、作業しながらいろいろ尋ねるわけです。何でこんなええ木を伐るんや、とかね。あと、作業に参加しなくても、そっと見に行ったりしてね。刻印が打ってあるから、こういう付け木をするのかっていうのがわかるし、間伐が終わった後にどんな山になったのかも見に行く。そうすると、ああ、こうなるのかっていうのがわかるでしょ。そんなことをやってると、それぞれの旦那の家の仕立て方や、ほかの山守の流儀がだんだん見えてくるんです。ああ、これは○○流やな、とかね」

選木眼がないと山をつくれない

吉野の形付けは奥が深い。個々の林地で判断は異なるし、各人各様の流儀もある。それをどう文章に起こすか。取材をするほど深みにはまり、私は出口の見えないような気になっていた。ちょっと難儀をしているのだとこぼすと、民辻さんは「あはは、そらそうや。百万通りもあるからね」と、さらにこちらを追い込むようなことを言う。

「どの木を残すかという目がないとダメなんですよ。ここは密植多間伐でしょ。どの木を残すかの目がなければ、吉野では山をつくれんのですわ」

どの木を残すか。その勘所をさわりでもいいから文章で伝えたい。そのために民辻さんには、比較的若い林分で山の見方を教えてほしいとお願いしていた。そのほうが素人目にも木の優劣がわかり、選木の考え方が理解しやすいだろうと思ったのである。

民辻さんが連れて行ってくれたのは、植えてから15年ほどだというスギの林分である。植え付け時の密度は８０００本／ha。８年生くらいのときに、裾払い（根元から１・５～２ｍくらいまでの枝を切り払うこと）と1回目の伐り捨て間伐を行なっている。その際の間伐割合は3割程度というから、現在の密度は単純計算で５６００本／haくらいということになる。３０００本／haの密度で植え付ける、いわゆる坪植えで仕立てる現場を見慣れた目には、やはり混み合って見える。「これくらいから本格的に選木をしなければあきません」とのことで、こちらとしては希望通りの山であった。ちなみに、ここを管理しているのは民辻さんではなく、ほかの山守である。

吉野ではスギの枝打ちは行なわない。密度管理だけで節の少ない良質な木に仕立てて行く（写真２－16）。「スギの枝打ちは全然しません。吉野は密植にしてますでしょ。密度が濃いから、枝が太くなる前に枯れるんです。この山も、外側は陽が当たってるから枝が張ってるけど、中は枯れ枝だらけでしょ。それが根元からポロッと落ちる。間伐で倒した木が当たれば落ちるし、風で枝同士が触れあっても落ちる。手で折ってもポロッとなりますよ。だから、製品にしたときに節だらけの1等材にはなりません。悪くても小節とか上小節とかのグレードになる。それより外側は無節になりますしね」

「そうなるような密度で育てるわけですね」

「密度は下草が茂らない程度にします。間伐した直後は多少陽が当たるから草が生えてくるんですけど、じきに枝がふさがって暗くなるので茂りはしない。次に伐るのは5年後くらいかな。成長がいいから、もうアッという間ですわ」

「下草が茂らないくらいの密度で、少しずつ何回も伐っていくわけですね」

「そのほうが良い木になります。年輪が不ぞろいにならない」

「枝も適度に枯れ上がるわけですね」

「枯れるのが大事なんですよ。細いままで太くならないから。それで根元から折れるので、きれいな木になるんです」

選木は、成長が悪かったり、形質が悪かったり、あるいは何かで傷が付いていたりといった木を抜くのが基本である。

「まず選ぶのは、劣等木と成長の悪い木ですね。元気な木でも根曲がりしていたり、幹に曲がりがあったり、偏平な木とかも選びます。根元に傷のある木とかも、将来、腐れになるから伐ります。あとは間隔ですね」

だが、それはあくまでも原則であり、ここのように若く、優劣がはっきりしている林分でも、考えなければならない要素はたくさんある。

「たとえば、あそこに1本、少し大きな木がありますよね。そのまわりは小さな

写真 2-16　スギ15年生程度の林分（①）。林縁は枝が張っているが、厚めの密度で仕立てているため、中に入ると下枝はきれいに枯れ上がり、根元から落ちている（②）。

木がかたまっている。このままいくと、大きな木に被圧されて、小さいほうがダメになるかもしれない。そうしたら、それを全部伐らなければならない状態になったりするんですよ」

「いま、大きいほうを伐って空かせておけば、小さいほうが生きるわけですね」

「そうです。それに優勢木は、そんなにたくさんあるわけじゃないから、優勢木だけを残そうとすると、間隔が不ぞろいになりがちなんです。本数でたくさんあるのは、中くらいの木ですから、そういうやつで太さや高さをそろえていったほうが、本数も蓄積も多くなる。だから、優勢木も伐らなければいけないんです。それに、太くて大きな優勢木を中心に仕立てようとすると、かなりの本数を伐らなければならなくなります」

「なるほど。みなさん、こうしたやり方をするんですか」

「うーん、まあ、人によって違います。劣勢木だけをちょこちょこと少しずつ伐る人もいますし」

「じゃあ、同じ人がずっと施業したほうがいいですね」

「もちろん、そうです。人が変わったら、山の仕立てが変わってしまいますから」

木を選べるのは普通のこと

この日、民辻さんは、ほかにもいくつもの山を見せてくれ、それぞれがどんな仕立てになっているのかを説明してくれた。吉野にもさまざまな山があり、すべてが最良の育てられ方をしているわけではないこともわかった。山主の事情によって、本数が多めに伐られたり、高く売れる木が優先的に伐られたりするケースもある。「林業ですから、それぞれの家の事情がありますからね」と民辻さんは淡々とした口調で言う。

だからこそ、それで山がダメにならないように、ギリギリのところで踏みとどまるような仕立てをするのも山守の大切な役割になる。いまは収入を優先しても、それで終わりにするのではなく、この先も収入が期待できる山であり続けるようにする。そのためには、やはり山のことがよくわかっていなければならない。

「下手な付け木をすると勢いのない木ばかりになってね、しばらくは手を付けられなくなってしまいます。木が力を付けて成長し始めるまでに時間がかかってしまうんです。10年くらい経っても、まだ成長し始めないような山になってしまう。育てるつもりの付け木をしないと、そうなるんです。それでは伐れる木がなくなってしまいます」

つまり、そうやって多少の紆余曲折も経ながら、山守は木を育て、最終的に木がその命をまっとうできるような山へと誘導していく。さまざまな理由で数えきれないほどの木を選びながら、２００年生や２５０年生、あるいはそれを超えるような山をつくっていくのである。

「われわれは小さいころから、２５０年とか３００年とかの最終目標になるような山も見てきているんです。だから、この山があういう山になるのには、だいたいこの中で1本か2本が残ったらええよねという感覚があるんですよ。途中は鬱閉するくらいの状態で育てるんやけど、どれを伐るかというときには、２００年先まで残しておく木のことが常に念頭にある。その上で伐る木を決めるんやから、最終的には一番ええ木が残るのでなければいかんわけです。いま伐る木よりも残る木のほうが良くならなきゃいかん。そうしないと間伐する意味はないわけや。次はもっとええ木になる、その次はもっとええ木になるという感じで伐るわけですよ」

その感覚。民辻さんが当たり前のこととして語っているその感覚が、各人に染みついているところに吉野林業の凄さがある。

「山を手入れするというのはね、普通なの。選木するのは普通のことなんですよ。どれを伐ろうかなんて考える必要もないわけですよ。普通に選べてしまうから。もう生活の中に入ってきてしもうとるんですよ」

吉野では木を育てることは生活そのものなのである。民辻さんの話を聞いて、そのことがよくわかった。

③ 撫育一筋30余年

◉譲尾《ゆずりお》一志さん（兵庫県豊岡市）

技を究める

1年間の武者修業

譲尾一志さん（昭和25年生まれ。兵庫県豊岡市在住）は育林の専門家である（写真2-17）。良い木を育て、良い山をつくるための技術を究めようと、30年以上にわたって研鑽を積み重ねてきた。その磨き上げられた技には、たとえば枝打ちなら200本もの鉈を駆使するというように独自のこだわりが凝縮されている。

譲尾さんは兵庫県中西部の旧大屋町（現養父市）で生まれた。ここは昔から林業が盛んな土地柄で、譲尾さんも子どものころから当たり前のように山に入り、植林や下刈りなどの作業に携わったという。「中学生になって日役《ひやく》（集落の共同作業）で村の山に行ったら700円の日当をくれた。小遣いがほしいから山仕事を覚えた」と譲尾さんは振り返る。

高校を卒業した譲尾さんは、しばらくは板前として働いていたが、そのうちに父親がやっていた山仕事を手伝うようになった。ところが、仕事の内容は子どものころに覚えたものと大して変わっていない。これではダメだと譲尾さんは思ったという。

「鋸がチェーンソーに替わっとり、草刈り鎌が刈払機に替わっただけで、昔とおんなじことをしとったん

写真 2-17　譲尾一志さん。

やな。時代が変わっていきよるのに、こんなおかしい話はないなと思うた」

もっと高度な技術を身に付けたい。それには先進地の林業を見て回る必要がある。そう考えた譲尾さんは、あるアイディアを思いつく。

「子どもがおぎゃあと生まれたときに、嫁さんに１年だけ武者修業したいんで給料なしで生活させてくれんかって言うたんや。ほんで１年間、それなりの林業地をあちこち回って、育林に関することを全般的に教えてもらったんや」

それが29歳から30歳くらいのとき。以来、譲尾さんは育林一筋で稼ぎ続けてきた。最初のころは地元の森林組合に所属していたが５年ほどで辞めてしまい、それからは撫育専門の一人親方として腕一本で生きてきたのである。

枝打ち名人の情報は製材所にある

子どもが生まれたそのタイミングで、１年間、修業三昧で過ごしたという譲尾さん。高みを目指す意識は人一倍強く、「山仕事はずっと研究せなアカンで。努力して覚えるのが世の中やろ」と厳しいことをさらりと言う。

だから当然、学び方、研究の仕方には、ひと工夫もふた工夫もある。たとえば、枝打ち技術をどうやって身に付けたのかという話には「なるほど」と唸らされてしまった。

「枝打ちで飯を食っとるプロの人がおりますよね。そういう人のところをずっと見て回ったんだけど、本人に会ってみて技がアカンかったら困りますやろ。だから、その人がおる地域の製材所を回ったんですよ。『あの人が枝打った材を製材したことないかい？』って聞くわけですわ。それで、その材がどんなだったか、腐れやシミがなかったのかどうかを確かめるんです」

「製材所に評価される材をつくれる人を探したわけですね」

「そういう人に教えてもらわんとダメですやろ。あちこち回ってみたら、兵庫の三方栄《みかたさかえ》さんという人が一番よかったんですわ。それで三方さんを師匠にして、三方さんが各地で講習するのにぴっちり付いてまわって教えてもろうた。講習が解散になった後は、毎晩喫茶店に連れて行って、人にはあまり教えないようなことをこそっと教えてもらう。それくらいの熱意がなければ教えてくれんわな。そしたら師匠が言いましたわ。『お前ほど、あつかましゅうワシのケツを離れなかったやつはおらん』って」

「なるほど。でも三方さん、よく教えてくれましたね」

「そんときにな、親方（三方さん）の連れ（仕事のパートナー）が『あんまり教えると、わしらの敵をこしらえることになる』って怒りよったんや。ほんなら親方が言うたわ。『お前も肝っ玉が小さいのう』って」

「あはは。でも隠したがる人は多いですよね」

「私はね、人に全部吐き出したら、自分が追い付かれたら困る思うて勉強するやろって言うん。自分で隠してやってたら、忙しうて生活がかかっとるで、もうこの程度でええかって止まってまう。だけど、人に教えたら、自分の立場を守るために、もう少し勉強せな、というふうになる言うねん。ほんなら、もっと前に行くかもわからん。ま、兵庫県でも変わりもんで有名です」

200本の鉈を使い分けて枝打ち

枝の太さ・堅さ・樹種で使い分ける

譲尾さんが名人と見込んだ三方さんから伝授された枝打ち技法、それが200本もの鉈を駆使するやり方である。いったいなぜ、そんなにたくさんの鉈が必要なのかと言えば、それは枝の太さや堅さ、樹種に合わせて鉈を使い分けているからだという（写真2－18）。

たとえば、堅くて太い枝なら枝に負けないように肉厚の刃で打ち、細い枝は薄くシャープな刃できっちり打ち落とす。細い枝を厚い刃で打つと、刃の切れ味より打撃の衝撃が勝り、繊維をきれいに断つことができない恐れがあるためだ。あるいは赤身勝ちでひときわ堅い枝には、横から見たときの刃の形がわずかに弧を帯びた鉈を使う。これは刃と枝との接触面を小さくすることで刃に込めた力を一点に集中させ、切り口をきれいにするためだという。

このように、さまざまな刃の形状や研ぎ方の鉈を使い分けるわけだが、その種類が200通りあるわけではない。同じ形状・研ぎ方の鉈を何本も用意しておき、切れ味が落ちかけたら、すぐに別の鉈に取り替えるようにしているのである。

「研ぎは完璧にせなあかん。極端な話、髭が剃れるくらいの刃に仕上げる。それだけやなくて、木や枝に合わせて鉈を使い分けるわけや。枝に合った鉈を使わんかったら、きれいに打てんからな。それで少し切れんようになったら、すぐに換える。現場でいちいち研いでたら時間がもったいないしな」

だから譲尾さんは、枝打ち作業で木に登るときには必ず2本の鉈を腰に吊る。そうすれば樹上で鉈を交換することができ、わざわざ下に降りる必要がない。そうやって鉈を交換しながら作業すれば、常に鋭い切れ味で枝を打つことができる。

「私らだと平均で1日に8本くらい使うでな」

「同じように研いだ鉈を8本使うわけですね」

「そうや。現場が親指くらいの太さの枝なら、それに合わせた鉈が8本。それがヒノキならスギよりも堅いで、それに合わせた鉈が8本いるでしょ。だから、どうしても200本ほどいるんですわ」

写真2-18　200本あるという枝打ち作業用の鉈の一部（①）。刃の形や厚みが異なる鉈を樹種や枝の大きさに応じて使い分ける（②）。

「200本か。手入れも大変ですね」

「いやいや、刃がちびる前に次の鉈に交換するから、研ぐのも楽なんやで。8本なら、帰ってから研ぐのに20分もあったら終わるわ。刃があんまり減らんから鉈も長持ちする。鉈の種類があれば、それぞれの研ぎ方はいつも一緒やろ。これが同じ鉈を使い続けててな、枝に合わせて研ぎ方を変えるようなことにでもしたら、刃がどんどんちびてなくなってしまう。それで買い換えてたら、ごっつう高くつくで。最初に200本そろえるのは金もかかって大変やけどな、長い目で見たら、かえって安くすむんですわ」

傷つけられたことを木にわからせる

譲尾さんがそうやって鉈を使い分け、切れ味にこだわるのは、枝を打った痕が鉋で仕上げたように平滑にすることと、ギリギリのところまで皮をめくるような打ち方をするからである。

「打った痕に段ができたり、ささくれたりするようではダメですやろ。刃の痕がいくつも付くようではあかんのですわ。ちょっとでも段やささくれがあったら、そこに夜露や雨が溜まって腐れの原因になるし、虫が卵を産み付けるかもしれん。鉋で削ったみたいになっとらなあかんのです」

「腕が必要ですよね」

「そら同じところに振り下ろせないと仕事にならんからな。若い子なんか、いくら勉強してもなかなか打たしてくれへんなんて言うけど、打てない人間に打たすわけないやろ。失敗したら木があかんようになるんやから。私らでも教わっとるときは丸太を短くしたのを持って帰って毎晩練習しましたよ。こないして同じところに刃が行くように」

そう言って譲尾さんは傍らの丸太に「カン、カン、カン」と鉈を何度か打ち下ろして見せる。刃が同じところにしか行かないので、何度打っても打ち痕は1本の線のままで深くなるだけだ。

「10回なら10回とも同じところを打てなければあかんやろ。だから一生懸命練習すればええんやけど、若い子はせえへんな。同じところを打てないと鉋で削ったようにはならんし、紙一重の仕事はできへん」
「幹に傷がついたらダメですものね」
「ほんの少しでも削り過ぎたらシミや腐れができるでな。枝の部分だけをギリギリのところまできっちり打つわけや」

ギリギリまで皮をめくるというのは、形成層の手前紙一重のところを打つイメージだ。かなり微妙なところまで刃を入れることになるが、そこまでやるからこそ、きれいな材が取れるのだと譲尾さんは強調する。床柱用の磨き丸太にするなら、さらにもう紙一重、微妙なところをえぐりこむような打ち方をする。磨き丸太は、製材はしないので、中が多少黒くなっても、表面の修復がより早くなることを優先するためである（写真2－19）。

「枝打ちっていうのは、打ったときから木が傷を治そうと動いてくれな、やった意味がないでしょ。中途半端だと巻き込みが遅れて色が悪くなるし、きれいな木目にならん」
「でも、ギリギリですよね。やり過ぎると腐れが入るだろうし」
「やりすぎると腐れる。だから腕が必要やし、道具にこだわらな、やっていかれへんのですわ」

打ち方は、枝の付け根の上端を、幹と接する部分からきっちりと打ち、下端は枝座《しざ》（ふくらみのある部分）が残るようにする。枝打ち痕は上から修復されていくため、上端にわずかでもでっぱりがあると巻き込みがその分遅れる。一方、枝座は幹の一部であり、これを傷つけると腐れの原因になるので注意する。枝座を残すことで打ち痕が小さくなり、巻き込みやすくなる効果もある。

「枝座まで打つと、打ち痕が楕円で大きくなるやろ。枝座を残せ

写真2-19　鍛え抜いた技術で紙一重の作業を行なう。同じところに寸分狂わずに鉈を打ち下ろすため、段差やささくれのない、鉋で削ったような打ち痕になる。

ば、魚の目玉みたいに丸くて小さな打ち痕になる」

ただし枯れ枝や細い枝の場合は、幹に沿ってやや深めに打つ必要があるという。

「枯れ枝や細い枝が恐いんですわ。生きた枝を打つと、木もやられたと思うんやけど、枯れ枝をただ打っただけだと、木が傷つけられたことを感知せんから年輪の戻りが悪いんです。釘や鉛筆くらいの細い枝もそう。そういうのを幹に添って落とせば、それで枝を打ったような気分になるでしょ。でも本当には打ててないんやな。まん丸になるはずの年輪がそこだけへこんだようになる。だから、枯れ枝や細い枝は白い皮のところまでめくらんとあかん。失敗するかせんかのぎりぎりまで打つんです」

「そうすると治そうと思うわけですね、木が」

「要するに茶色い皮は人間で言えば服ですわな。そこだけをめくっても『ちょっと寒いやないか』程度の感覚。削られた、傷つけられたというのがわかるようにすれば、ちゃんと巻き込むわけです。枯れ枝でも、そのくらいまで打てば、本当にきれいにはならんでも何とかなる」

背と腹を念入りに打つ

譲尾さんのこうしたこだわりは、いわゆる適寸丸太から四面無節の製材品を取ることや磨き丸太として床柱にすることを想定しているからである。

樹皮を剥いて磨く床柱は、節があっては商品にならない。さらに枯れ枝や細い枝がきちんと打てていないと、そこだけ年輪がへこむようになるから、やはり商品にはならないと譲尾さんは言う。「人間で言うたら臍《へそ》がへこんでるのと同じになる。丸太（床柱）にしようとしても全部アウトやな」

丸太の内径いっぱいで四角い製材品（芯持ち材[2]）を取る場合（そのような木取りをする丸太を「適寸丸太」と呼ぶ）も同じで、浅いところの年輪が表に現われるため、枝打ちの仕方がまずければ節がなくても木目が微妙に乱れる可能性がある。大径材にまで育てるのなら年輪の乱れは深いところにとどまり、丸太の外

(2) 芯持ち材：年輪の芯を含んだ製材品のこと。

側の部分からきれいな製材品を取ることができるので、また違った評価になる。しかし、譲尾さんはあくまでも適寸で高く売れる丸太に仕立てるための技術を追求してきたのである。

「中目《なかめ》（末口直径24～28㎝ほどの丸太）以上になるまで太らせるというのなら別やけど、3寸角や3寸5分角、4寸角、5寸角を取る丸太にするのなら、枝打ちが下手だと年輪の乱れが表に出てくる。津山（岡山県津山市。中国地方における木材の有力な集散地のひとつ）あたりなら目の肥えた人が多いで、節が出てへんでも年輪が乱れとったら『これが四方無節かよ』って言われるな。だから、きっちり枝を打たんことには話にならんわけや」

枝打ちをするときに「木の背と腹は特に念入りに打たなければいかん」というのも、適寸丸太から芯持ちの柱材を取ることを想定しているからである。

「背」は谷側、「腹」は山側で、山側から梯子《はしご》をかけて枝打ちをする際に背は木の向こう側になり、腹は手前になる。そのためどうしても作業がしづらい。「背と腹をまともに枝打ちできる人はあまりおらん。だからこそ念入りに打たなければあかんのや」と譲尾さんは力を込める。

じつは私はそう言われてもどういうことかわからず、もっと詳しく説明してくれるように頼むと、譲尾さんは次のように解説してくれた。

「柱の顔は背か腹でしょ。昔の大工さんなら絶対にそう使う。そうしないと家に狂いが来る。製材所もわかっとるから、そういう挽き方をする。けど、背と腹は打ちづらいで、きれいになっとらん木が多いんやな。腹は体の正面だでやりづらいし、背は谷側を覗き込むようにして打たなあかんから、怖がっとったら、ちゃんとした仕事がでけん。だから念入りにやらなあかん」

それでわかった。いくらまっすぐに育てても、斜面に立つ木は山側、つまり腹のほうにそっくりかえるような立ち方をしている。腹のほうにややかがむような立ち方とも言える。つまり木は猫背なのである。製材した後もその性質は同じで、たとえば芯持ち柱を現わし(3)にする場合、背や腹が壁に接するような向きで使う

(3) 現わし：柱や梁などの構造材が露出した状態で仕上げる建築手法。

と、施工後に柱がわずかでも反れば柱と壁の間に隙間が生じてしまう。それを避けるためには必ず背か腹が室内に向くように、つまり「柱の顔」になるような向きで使うということなのだ。そうすれば万一、柱に反りが生じた場合も壁に隙間ができることはない。

さらに背と腹は、芯を真ん中にしたまっすぐできれいな板目になる確率が高い。そのために、見栄えの面からも柱の顔にするわけだ。ところが、この両面の枝打ちがしっかりできていなければ、せっかくの顔が台無しになると譲尾さんは言うのである。だからこそ「背と腹は念入りに枝を打つ」ことが必要になり、それが丸太の付加価値を高めることにもなるのだと合点した。

8月末までに打てば巻き込みが早い

枝打ちの時期としては、成長が旺盛な5、6月から梅雨明けまでと真冬は避けるが、それ以外は年中打つのだと譲尾さんは言う。

「成長が盛んなときは、梯子を当てるだけでも下手したら皮がめくれてしまう。そのときは休むし、冬の凍てるときも避ける」

「夏場にも打つんですか」

「腕に自信があったら梅雨明けから8月いっぱいが一番ええ」

「8月、ですか」

「そのころはまだ成長しとるから、ひとつ間違えば皮がパーンと離れる。だけど、8月にちゃんと打てば9月はもう巻きにかかってる。吉野でも北山でも腕に覚えがある人は一発勝負で8月いっぱいにしかせえへん。まあ巻き込みをよくしよう思ったら10月いっぱいくらいまでやな」

「真冬にやらないのはなぜですか」

「寒いときはせっかく枝を打っても切り口が凍てるから、巻き込みが悪くなるでな。木も冬眠しとるようなもんでしょ。枝を打たれても治そうとせん。巻きが遅くなると木目がきれいにならんし、腐れが入ったり汚れたりする確率が高くなる。たとえば蟻が登ってくるだけでも汚れるんですわ。蟻だってたくさん歩いてきたら、けっこう泥が付きよるんですよ」

「鋸でやるとしたら、どうですか」

「鋸で打つのなら暖かいときはやめたほうがええな。鋸だと鉋をかけたようにはいかんから、虫が卵を産みやすいでな。それとな、鋸で打つにはコツがあるんや。よく鋸を枝に斜めに当てて打つ人がおるでしょ。そうすると引くのは楽やけどきれいには打てん。枝の付け根の両サイドな、この縁のところがきれいには切れんのや。だから鋸を水平にして真上から真下に向けて切る。そうするときれいに切れる。全然違うで」

「鋸を水平に構えるわけですね」

「そう」

「なら、手を延ばして高いところの枝を切るようなやり方はダメですよね。その分、高いところまで登らないと」

「だいたいな、枝打ちっていうのは目が届かんようなところでは、きれいな仕事はできん。鉈でも同じやで。よほどの天才でもないと、きれいに打つのは無理やな。だから目が届く範囲で仕事をせなあかん。下向きは臍が限界。上は目の高さから上はアウトやな」

１回の作業で打つ高さにも注意が必要だ。あまり一気に高いところまで打つと当然、巻き込みが悪くなる。特に土壌が肥えたところは、打ちすぎないように気を付けなければいけないと譲尾さんは強調する。

「肥《こえ》が多ければ多いほど巻き込みが悪いでな。肥えたところは打つ範囲を狭めなあかん。傷を治す力よりも大きくなる力のほうが強いから、いっぺんに打つと腐れが入る。せいぜい１・２〜１・３ｍくらいで止めとかな。それ以上やると必ずシミが入るで、強度の枝打ちはダメ。その分、１回に打つ高さを低くして、枝打ちに入る回数を増やさなあかん。たとえば、肥がない場合は３遍ほどで仕上げられるところを、肥がある場合は倍の6遍くらいは回数をかけなければいかん」

虫が付かないようにするためには、枝打ち痕の修復が進んでいる部分に、さらに手を加えることもある（写真2－20）。

「でこぼこがあると卵を産みやすいやろ。だから、山から下りてくるときに、治って座ができてるところをそぎ落として平らにしてやる。1枚の皮にしちゃると卵をうみにくいやろ。だから3mとか4mとか、使う部分だけきれいにしてやる。将来性のある木だけやけどな。全部したらコストが高くつくから」

写真 2-20　虫が卵を産み付けないように枝打ち痕が修復されてできた座を鎌で落として平滑にする。

育林の基本は植栽

園芸ポールとセロテープで苗木を固定

譲尾さんは、豊岡市内に自分だけの試験林として3haの山林を持っている（写真2－21）。取得したのは昭和63年。習い覚えた技術が実戦で通用するかどうかを確かめるため、そこで植林から始めて木を育ててきた。

「自分で一から木を大きくしたことはなかったから、試験したろ思って買ったんや。頼まれた仕事をするだけでは、施主（山主）の気持ちはわからへん。（当事者としての）ホントの痛みがわかれば、手入れの仕方も違うやろ思うてな。林業で飯を食っとるんやから、それくらいしたろと」

現地は、斜度が35度を超えるような急傾斜地がほとんどで、雪も多い。だが、こうした悪条件下でも技術さえしっかりしていれば、アテのないまっすぐな木が育てられると譲尾さんは言う。試験林の中を見渡すと、確かにどの木もまっすぐ直立している。

植えられている品種は、千東柴原、柴原、中源、三五、雲外といった京都・北山由来のもの（いずれもスギ）や愛媛県産の神光2号（ヒノキ）など、素性が良く、価値が高い木になることで知られたものばかりである。だが、それでも技術次第で育ちは良くも悪くもなる。

「品種によって中が白いとか黒いとか言うけど、色のことを言うのは、全山の木をまっすぐ育ててからにしてくれって言うんや。アテがあって曲がっとるもんは、中が白い黒いって言うたって論外や言うねん。曲がっとるということは、植え方や育て方が間違ってるわけでしょ。製材したときに狂いが出るんやから」

では、どのように育てるか。まずは植栽。「育林の基本中の基本は植栽や」という譲尾さんは、苗木に添える支柱にもこだわる。一般的には竹を半分に割ったもの（竹杭）がよく使われるが、竹杭の影が曲がりやねじれの原因になると譲尾さんは指摘する。特にヒノキの実生苗《みしょう》(4)にはよくないという。

「直径2cmか3cmくらいの竹を半分に割って杭にするでしょ。苗木の皮にこすれないように割った面を外側にして添えるわけやけど、そうすると竹の幅は日が当たらへん」

「竹の幅の影ができるわけですか」

「そうそう、それがよくない。スギは何ともないんやけどな。ヒノキの実生苗だと枝が太陽を求めて、ぐーっと杭に抱き付くように曲がってしまうんや。下向きに赤ちゃん抱っこみたいに杭を抱えちゃうんやな。ヒノキの枝ってすごい繊細でな。前に

写真 2-21　豊岡市内にある譲尾さんの試験林。まっすぐに育った木々が急傾斜地に立ち並ぶ。

(4)　実生苗：種子から発芽させて育てた苗のこと。

竹杭で試してみたら、みんなダメになってしまったわ」

竹杭の代わりに譲尾さんが勧めるのは、ホームセンターなどで売られている直径1㎝ほどの園芸用ポールである。

「あれなら細いし、丸いから日光を遮らん。丸いと光がまわるでしょ。それに何回も使えるから結局安くつく。だから挿し木でもスギでも、こっちのほうがええと思うな。けど、イボイボの付いたざらざらしたのはあかんで。あれは風が吹いてこすれたときに苗木の皮がめくれてしまう。竹の形をしたツルツルのやつでないとあかん」

そしてポールに苗木を止め付けるのに、譲尾さんは何とセロハンテープを使うのだという。

「丸いポールやとセロハンテープが使える。あれ、百均とかで5巻きくらいがタダみたいな値段であるやん。支柱にピタッと貼ってから、苗木の周りを2回か3回くるくるって回したら、手でピッと切る。それで、もう結べるもんな」

「それでいいんですか」

「あれがええんや。セロハンテープって、ある程度経ったら劣化してポロッと落ちちゃう。劣化しとれば突風や雪で負担がかかれば切れちゃうし、幹が太くなれば自然に切れる。麻縄なんかだと、緩めにしておかんと幹に食い込んでしまう。これやったら気にせんと、ビチッと付けとっても大丈夫や」

「なるほど。それにセロハンって、もともと木材（セルロース）が原料ですしね」

「さあ、それは知らんけど、簡単やしコストも安いからええんよ」

止める位置は地面から10㎝くらいの下のほう。もともとスギやヒノキはまっすぐになる性質があるので、上のほうを止めて負担がかかるのはよくないのだという。

「上は放っておいても、まっすぐに育つ。そういう性質があるから植林する樹種に選ばれとるわけやろ。あと、ツルがあるところは苗木よりも背の高い杭を使わんとあかんで。ツルは高いもんを目がけて巻き付いていくやろ。長い杭を打っとけば、下で苗木に巻き付いても苗木の頭は避けてくれるでな。苗木の頭の柔らかいところに悪さされてはかなわん」

傾けて植えたスギ苗を支柱で起こす

植え付けでは、まず苗の根切りをしっかり行なわなければいけないと譲尾さんは強調する。

「長い根や短い根があるようではあかん。そぎ切りするのはあかんで。長さにバラつきが出るやろ。根をきちんとそろえて切って、同じ長さでバラッと広がるようにするわけや。栄養のバランスが良くなるようにな。そうしないと根の張りがよくならん」

鍬《くわ》で穴を掘るときには、枯れ草や枯れ葉などのゴミをきれいに払ってから土を掘る。穴にゴミが入ったり、根を広げてからかぶせる土にゴミが混じっていたら活着率が悪くなるからだ。

穴を掘ったら根を広げて苗を置き、掘った土をかぶせる。そのときにスギ苗の場合は、斜面に直角になるくらいまで苗を傾けておいて根に土をかぶせてしまう。そして苗の谷側に支柱を添えて起こしながら根元に支柱を挿し、セロハンテープをくるくると巻いて苗を支柱に固定する（写真2－22）。傾けた苗が支柱で支えられて、まっすぐ立っているようにするわけだ。仕上げに山側の斜面を鍬で削って土を根元にかぶせ、根を広げた部分が平らになるようにして空気が入らないように踏み

写真 2-22　スギ苗の植え方。傾斜に直角に植えた後（①）、杭にもたれさせながら直立させ（②）、セロテープで止め付ける（③）。こうすると、谷側にしっかりとした根が張り、まっすぐに育つという。

固める。

「斜面に段をつけるわけやな。そうすると土の表面から根っこまでの深さが均等になるやろ。太陽の熱が同じように行きわたるから、根がバランスよく張るわけや」

「スギの場合に苗を傾けるのはどうしてですか」

「こうすると谷側に突っ張り根が出る。それでまっすぐ育つわけや」

「踏ん張ろうとするわけですか」

「寝とるのを支柱で無理に起こしとるようにするわけや。そうすると苗のほうはいつまでも支柱にもたれとるんが嫌やで、起きよう起きようとするから真下に根が早いこと出やすいんやな。支柱にもたれるんを嫌がらせるわけや。こうすると突っ張り根がしっかり出て、まっすぐ育つ。雪が降っても倒れにくいから、木起こしの負担もごっつう減ってくるで。逆にアテがあると起こしても起こしても倒れる。ほら、ここのスギはみんな谷側に突っ張り根が出て支えとるやろ」

そう言われて根元を見ると、確かにどの木もしっかりとした根が谷側に張り出していて、それが幹を支えているように見える。

「ここのスギはみんなそうやって植えたんですか」

「そうや。まあ１００％とは言わんけど、現実にかなりの確率でまっすぐ育ってるんやから効果があると思いますよ。でもヒノキは違うで。ヒノキは支柱にもたれかけさせると元には戻らん。だから、まっすぐに植える。ただし、根切りをして斜面に段を付けるのは同じやで」

「ヒノキの場合も支柱は谷側ですか」

「ヒノキもスギも谷側の根元に立てる。でも山の中で本当に強い風が吹くところだけは支柱を山側にする。南向きの斜面で、春先にきつい風が吹くところがあるんやな。尾根筋とかで、人が立ってるのも大変なくらいの突風がびゅうっと吹く。そういうところだけは山側に支柱を立てて苗を支えてやらんと」

「苗にも大きいのや小さいのがあると思いますが、大きさで植え分けたりはしますか」

「斜面がきついところに植える場合は、できるだけ小さい苗を選んだほうがええな。小さいうちから、きつい環境に慣らすわけや。傾斜のきついところに大きな苗を植えるとやっぱり曲がりやすい。きついところは小さな苗にすると、まっすぐになる確率が高い。けど、それもきちっと植えたらやで」

「きちんと植えて、全部ちゃんと育つようにするわけですね」

「そらそうや。ええ加減に植えても、何本かはまともに育つやろうけど、そんなんは偶然できただけやろ。木ぃゆうのは、若いときはある程度同じように成長するけど、根の張りが悪いと後々うまく育たんし、良い木にはならん。計画した通りに木を育てようと思ったら、植えるときの基礎から、ちゃんとしとかんと。偶然に頼ってたんじゃ採算が合わへんわな」

動けない木の気持ちになりきる

譲尾さんの話は、その道の達人と見込んだ人から伝授された技術に加え、自身で自然をよく観察して知り得た事実に裏打ちされているから独自の深まりがあり、聞くほどに興味を掻き立てられる（写真2－23）。

「林業って、どうするか迷ったときには、自分が木の立場になって何をしてほしいかを考えたら答えが出てくるでしょ。自分もしてほしいことが木もしてほしいことなんやな。たとえば、片方にようけ枝が付いとる木は、片手に水をいっぱい張ったバケツを持っといて、もう片手は空のバケツを持って立っとるのと一緒でしょ。わし、片枝になってえらいな言うとるわけや。だったら、枝を打って四方八方に平均に枝が出るようにしたら、まっすぐ立ってるのが楽やろ」

「なるほど、木の立場で考えるんですね」

写真2-23　「木の気持ちになりきれば答えは出る」と話す譲尾さん。

「食うものが違うだけで、同じように太陽もいるし水もいるしな。何が違うか言うたら、気に入らなかったら自分で違うところに移動できるかどうかだけ。ほかは人間とまったく一緒や。だから、とことん悩んだときは木の下に座って、じいっと考える。そうしたら、だいたい答えは出てくる」

だが、その答えが100%正しいかと言えば必ずしもそうではなく、結局は試行錯誤の繰り返しになるし、そうやって学び続けるのが大切だと譲尾さんは割り切っている。

「自然相手の仕事だで、林業に100%の答えはない。林業はスパンが長いし、くよくよ考えたって始まらへん。自分がこの道で生きていく限りは追求していかなあかんし、追求して失敗したって三度の飯が食えたらいいって半ばあきらめて、ずっと追求していかないと前がない」

「今までやってきたことでも、見直さなければいけなくなるかもしれませんね」

「それぞれの地域で、効果のなかったことや効果がなくなったことを削除して、新しいことにチャレンジしていかないと進歩がないやろ。そうやって良いほうに良いほうに林業が向かってほしいとは思うな」

④ 挑戦し続ける林業経営

◉速水林業（三重県紀北町）

「速水の木」をつくる

広葉樹を残すのもヒノキを育てるため

速水林業はおそらく、日本でもっともよく知られた林業経営体である。吉野や北山と並び称される古くか

（5）FSC（Forest Stewardship Council＝森林管理協議会）は、持続可能な経営が行なわれている森林や、その森林から生産された木材を認証する民間

らの林業地、尾鷲（三重県）にあって、旧弊にとらわれることなく、経営手法の変革を前向きに進め、常に新機軸を打ち出そうと努めているのがここだ。

先代の勉氏（大正8年生まれ、平成24年9月死去）は「昨日と同じことをやろうと思うな」と従業員に説き、立木が高額で売れた時代に、ほかの林業家から「あそこは林業家ではなく林道家だ」と揶揄されながら林内の路網整備を進めて、今日の礎を築いた。当代の亭さん（昭和28年生まれ）も、早くから大型機械を活用した効率的な作業システムを導入し、ＦＳＣ森林認証[5]を日本で初めて取得（平成12年2月）するなど、最先端を走り続けている（写真２－24）。主力商品は、言うまでもなく、手入れの行き届いた山林から産出される良質な尾鷲檜であり、原木市売《いちうり》業者や製材業者から「やっぱり『速水の木』は違う」と評される逸品である（写真２－25）。

速水林業の創業は１７９０年。かつての紀州藩、現在は三重県内のこの地（紀北町）で林業を営み、亭さんは9代目に当たる。所有面積は１０７０haである。従業員は20名ほどで、そのうちの6名ほどは、番頭の川端康樹さん（昭和38年生まれ）が社長を務める関連会社の諸戸林友㈱（三重県大台町）の社員も兼ねている。

諸戸林友は、トヨタ自動車が大台町に保有している社有林１７００haの現場実務を担当しているほか、速水林業の現場作業も担っている。さらに、最近は速水林業でほかの林家の所有林を集約化するケースも出てきており、そこでの作業も同じスタッフが行なっている。要するに、速水林業と諸戸林友という組織に籍を置き、この地域の３０００haほどに及ぶ森林を基盤に、20名のス

写真 2-24　速水亭さん。

写真 2-25　「速水の木」と称される逸品。

の国際機関。本部はドイツのボンにある。こうした取り組みは「森林認証」と呼ばれ、日本では、FSCのほかに、やはり国際的な認証である「ＰＥＦＣ」と、日本型認証として創設された「ＳＧＥＣ」（緑の循環認証会議）が運用されている。

タッフが林業で食べているのだと思えばいい。

速水林業と言えば、環境配慮型の森林経営が展開されていることで知られる。その所有林内に足を踏み入れると、見事なまでに手入れが行き届いたヒノキ林に取り囲まれる。間伐や枝打ちが適切に実施され、林床には下草が繁茂している。壮齢のヒノキが屹立《きつりつ》する中に、広葉樹の低木が下層植生を構成している林分もある（写真2−26）。

下草があれば、降雨時に土壌が流失するのを防ぐことができる。針葉樹と広葉樹の混交林は、生物多様性を確保することにつながる。林業経営をめぐる環境が厳しさを増している中で、昨今は、このような森林の環境保全効果ばかりが強調される傾向がある。しかし、その一方で、下草や広葉樹の存在は、木の成長を助け、商品価値を高めるという林業経営上のメリットがあり、速水林業ではそのことが強く意識されている。

「下草があると、落ち葉が流れ落ちずにその場で分解され、有機土壌ができる。そうすると木の成長が維持されるので、年輪が整い、安定した材質の木が育ちます。土壌を大事にすることが品質管理になるわけです」と速水さんは下草の効用を語る。

さらに「ウチの山は広葉樹をたくさん残していますが、それには針葉樹とは異なる広葉樹の根っこの深さとか、葉っぱの性質とかを利用して、土壌を豊かにしようという意図があります。広葉樹をしっかり誘導してある山は、そうでない山に比べて木の成長が良いんです」と広葉樹を残す意義を説明する。

間伐や枝打ちについても同様である。それらの作業は林内の光環境を改善して下草を生やし、木を健全に成長させて森林の公益的機能を高める効果があると言われるが、速水さんはそれだけでなく、「質の高い木を生産するために品質を管理する作業」だと位置づけ、「単に光を入れて、森の状態を良くしようというだ

写真 2-26 尾鷲檜の美林。

(6) 全幹：伐採して枝払いまで行なった、造材前の長い丸太のこと。

けではダメで、将来の生産予想ができるような作業でなければいけない」と強調する。

つまり、速水林業では、商品価値の高い良質なヒノキを育てるという経営目標が常に意識されている。目指すのは、「年輪幅がそれなりに細かく均一で、通直で芯ずれがなく、節がない木」（速水さん）を育てることであり、先ほど「20名のスタッフが林業で食べている」と書いたが、どの作業も「林業で食べていく」ために行なわれているのである。それを「環境配慮型の施業」だと言うだけでは、速水林業の本当の姿を理解したことにはならない。

市売問屋を介した直送で流通合理化

現在、速水林業では年間３０００〜３５００㎥の丸太を生産している。以前は地元製材業者向けに立木で販売していたが、平成2年の台風で当時の生産量の3年分に相当する風倒木が発生し、地元では消化しきれなかったために、それを契機に市場への出荷を始めた。今は立木で販売するケースはなく、すべて自分たちで丸太に仕立てて販売している。

伐採木は全幹(6)で集材され、主力林分のひとつ、大田賀山林に隣接する土場にすべて集められる（写真2－27）。ここで丸太に切り分けられ、出荷先に応じた仕分けが行なわれる。丸太販売を始めた当初は、すべてウッドピア松阪市売協同組合（三重県松阪市）の原木市場に出荷していたが、現在、市場への出荷は一部で、多くはウッドピアの浜問屋(7)である松阪木材を通して、土場からの直送で販売している。

直送を行なうようになったのは平成16年からで、その目的は流通を合理化してコストを削減することである。市場に出荷する丸太の一部は自前で配送しているが、土場からユーザーに直送する分については、すべて松阪木材が配送を手配している。

速水林業にとっては、丸太の積み込みや配送に関わる手間や、人員、輸送料の負担がなくなり、売上が即

写真 2-27　伐採した木は全幹で中間土場に集める。

(7) 浜問屋：木材市場の中に店舗を構える問屋。木材の仕入れや販売業務を行なう。販売代金は市場が回収する。このように所属する問屋が木材の売買を行なう市場を複式市場という。問屋は置かず、木材の仕入れ・売買をすべて自前で行なう市場（単式市場）もある。

金で入るメリットがある。買い手の製材工場は市場で買うよりも安価な仕入れができ、手形決済も可能になる。松阪木材も、季節によって繁忙の差がある市場での業務のほかに、速水林業の土場での業務が加わることにより、市場が比較的暇な時期には直送業務に力を入れるというように、労務を調整しやすくなっている。

「速水の木」をひとりで造材する男

速水林業では、直送を始めて、配送を松阪木材に任せるようになったことを受け、土場の担当者をそれまでの3人から1人に縮減した。その1人になった担当者が西村広作さん（昭和45年生まれ）、速水さんが「三重県で一番信頼されている検尺人」と、その腕前を認める造材（伐採した木を所定の長さの丸太に切り分ける作業。「採材」ともいう）専門スタッフである（写真2－28）。現在、速水林業の造材は、すべて西村さんが担当している。

西村さんは地元の高校を出て、いったんは林業とは別の仕事に就いたものの、すぐに速水林業に転職し、これまでに植林、育林、伐採等々、一通りの作業を経験してきた。造材に携わるようになったのは、土場の作業を手伝いに行ったのがきっかけで、先輩の作業を見ながら「オレなら、こういうふうに切る」と思ううちに、丸太という「商品」をつくる造材作業に興味を持つようになった。そのころ、ちょうど自宅のリフォーム工事があり、そこで使われる木を見ながら「お客さんに喜んでもらえる造材ってなんだろう」と、最終的な利用を踏まえたユーザー本位の視点が必要なことに気付いたことも、西村さんを造材にのめりこませることになった。

その技術の確かさには定評があり、原木流通業者としてユーザーのニーズを熟知し、通常は丸太出荷業者に造材の指導もしているであろう松阪木材の村林稔社長も、「あそこ（速水林業）には西村君がいるから」

写真 2-28　速水さんもその腕前を認める造材担当者、西村広作さん。

と全幅の信頼を寄せる。

造材とは林業にとっての商品である丸太をつくる作業であり、伐倒した木をどこでどう切り分けるかが重要なポイントになる。切る位置によって丸太の長さや太さが決まり、それが品質に直結し、用途も決まる。丸太の価値は造材の良し悪しで大きく変わり、当然、価格も左右する。

最近はプロセッサやハーベスタといった大型機械で造材が行なわれるケースが増えているが、質の高い木の生産を目指す林家や素材生産業者は、造材の微妙なさじ加減を重視するため、よく目立てしたチェーンソーによる手切りにこだわる。彼らにとって、機械による作業は大雑把過ぎるのである。

もちろん、西村さんも手切りである。ボクサーを志したこともあるという西村さんが、１尺ごとの目盛を打った３ｍの尺棒とチェーンソーを手に土場を動き回る姿は、リングで軽やかなフットワークを踏んでいるようにも見える。丸太の形状を見定め、尺棒を当てて切り位置を決めると、スッとチェーンソーのバーを当て、一気に切る（写真２－29）。「この木だったら、こういうふうに使ってもらったらいいだろうとか、あのお客さんなら、こういう木を喜ぶだろうとか、いろいろあって奥が深いんですよ」と西村さんは話す。

「『この木はこういう木ですよ』って、僕は造材でアピールするわけです。オークション（競り）にかける木なら、少なくとも３人のお客さんは食いつかせたいし、10人くらいに競らせたい。この間は、８万円で競り始めた木が30万円まで競り上がったんですよ」

「そんなに上がることがあるんですね」

「質の高い木をほしがるのは、造作材の製材所や建具材の製材所、あとは突板《つきいた》業者さんですよね。それぞれがほしがる木というのがあるんですけど、１社だけのニーズに合わせるのでは競りになりません。だから、その人たちみんながほしがるような丸太にす

写真 2-29　よく研いだ切れ味の良いチェーンソーで一気に玉切りする。

るための造材をするんです。そうすると競り上がる」

木に惚れすぎるな

「速水の木」をつくるための造材のポイントは、じつにさまざまで、ここに紹介しきれるものでもないし、そもそも私の能力では、その意味をすべて理解しようとしても難しい。西村さんに尋ねれば、いくらでも説明してくれるのだが、何しろ木は1本ごとに違うし、その時々の価格相場がどうなっているかも判断要素に加わるから、説明がどんどん深く専門的になっていき、こちらが付いていけなくなってしまうのである。

たとえば余尺。役物取りの3m柱材なら、30cmの余尺を付けるケースがある。その付け方や理由はいろいろなのだが、ひとつには、製材し、乾燥した後の小口割れによる品質低下を回避する意味がある。小口から20cmくらいまで、わずかな割れが入るケースがあり、並材なら頓着されないが、役物では価格低下要因になる。30cmの余尺があれば、使用時に割れの入った部分を含めて切り落とし、所定の長さに仕上げれば、きれいな役柱が出来上がる。役柱メーカーの製材所なら、その意味がわかるから、30cmの余尺がついた丸太に高い値を付ける。

ただし、これはあくまでも一例で、「余尺の付け方は木によって全然違う。あっていい余尺とダメな余尺がある。いろいろなことを踏まえて、僕はすべて意図的に切っているわけです」と西村さんは話す。

ほかにも、末口径16cmに仕分けられる丸太（末口径14cm以上の丸太は2cm括約で寸法が規定されるため、実寸は16・0～17・9cmとなる）のうち、直径が17cm以上あって4寸角がきっちり取れる丸太をそのように造材して「17」とマーキングしたり（写真2－30）、一般的には元から3～6mの高品質大径材を取るところを、あえてもっとも質の良い元の2m部分だけを丸太にして高い値を付けさせたり等々、ケースバイケースと言ってしまえばそれまでだが、判断要素は無数にある。

そうしたノウハウを西村さんは、市場や製材工場を訪ね、そこで丸太がどのように扱われているのか、どのように製材されているのかをつぶさに見て、身に付けてきた。今もそうしたリサーチは欠かさず、取引の有無にかかわらず、近隣の原木市場や製材工場を訪ねて、どんな木が売れているか、どんな製材が行なわれているかのチェックを怠らない。仕事中の時間の使い方はすべて任されていて、造材の仕事さえきっちりこなしていれば、どのように過ごすかは自由なのだという。

『速水の木』が好きなんですね、僕も」。そう語る西村さんを見やり、速水さんは「『速水の木』じゃないと、というのはありがたいんだけど、そういうのは長続きしないんだぞ」と、たしなめるように言う。

「自分がほしい木だけを買ってる製材所は、細々とはやってるけど、元気があるわけじゃないだろ。あまり木に惚れると、ものが見えなくなるんだよ。逆にどんな木でも食いついてきてシビアな買い方をする、ウチの連中に苦虫をかみつぶしたような顔をさせる工場は続いてるだろ。そういうところに注文が流れてるんだよ」

「いや、亭さんの言う通りですわ。親方、そこまで考えてたんですね」

「あまりに夢中になられても困るからな。オレがちゃんと引き戻さないとダメだと思ってるんだよ」

細部にまでこだわり抜いて、自分が手掛ける木の価値を高めようとする職人気質のスタッフがいて、その最大の理解者でありながら、冷静さを失わないようにと手綱をさばく経営者がいる。ふたりのやり取りを見ながら、私は、なるほど「速水の木」はこうしてつくられるのか、と腑に落ちたように思った。

写真2-30　末口径が17㎝あり、4寸角を挽くのに適していることを示した丸太。

「速水の木」の育て方

コストを下げても品質は下げない

「速水の木」は、どのように育てられているのか。

尾鷲林業と言えば、植栽本数が８０００～１万本／haと吉野林業に劣らぬ密植であり、間伐による密度管理や枝打ちを綿密に行なう労働集約的な施業によって、質の高いヒノキを育ててきたことで、つとに知られる。つまり、銘柄材「尾鷲檜」を育てる技術は完成しているのである。

ただ、そのやり方が今後も通用するかと言えば、それは別の話になる。速水さんによれば、速水林業が生産する丸太の平均価格（１㎥当たり。足場丸太も含むすべての平均）は、30年ほど前は9万円程度だったが、現在は３万円程度と３分の１にまで低下してしまった。たとえば、50年かけて育てた木を伐採して販売した売上で、その50年間にかけた育林経費を回収できるか。以前は質の高いヒノキが高額で売れ、それが見込めたから、良い木を育てることだけを考えて綿密な作業をしていればよかった。ところが、価格が３分の１になってしまった今、従前と同じ経費をかけたのでは経営が成り立たなくなる恐れがある。

では、どうするか。価格に期待できないのなら、やり方を変えるしかない。速水林業がいま力を入れているのはこのことであり、育林作業全般でのコストダウンに取り組んでいる。「昔のやり方を踏襲すれば、質の高いヒノキを育てられるというのはわかっているんです。しかし、もはやそれは通用しない。だったら、やり方を変えてコストを下げるしかないんです」と速水さんは強調する。

ただし、ここが肝心なところなのだが、コストを下げるためにやり方を変えても、木の品質は下げない。つまり、目指す品質はあくまでも「速水の木」のそれであって、このことに関しては一歩も退くつもりはない。「要は、同じものを違う方法でつくろうということです。そのことにいま、みんなでチャレンジしています」と速水さんは説明する。

疎植、ポット苗、さまざまな合理化実験

これまでとは違うやり方で「速水の木」を育てる。その陣頭指揮を執っているのが、速水林業の現場を統括し、速水さんの右腕とも目されている番頭の川端康樹さんである（写真2－31）。

「保育に関して、林業界は慣習的な方法論に陥ってしまっている。補助金制度も慣習的な方法論に沿った体系になっている。それらによる施業をやっている以上、山づくりの将来性はまったくない。もっと違った観点で、再投資の仕方を考える必要があるんです」と、川端さんは育林の手法を変える必要性を強調する。

そのための試みは多岐にわたる。地拵《じごしら》えや獣害対策の防護柵設置作業、植え付け、下刈り、枝打ち、除伐（伐り捨て間伐）といった、すべての作業の工程や方法を対象に、合理化・効率化・コスト削減が検討され、新たなトライアルが日常的に実行されている。

たとえば、苗木は取り扱いが楽で、植え付け作業の効率化が図れるポット苗（写真2－32）に転換し、植栽本数についても、従来の尾鷲林業地の標準である8000本／haから4000本／haに半減させ、2500本／haまで減らす試みも実行に移している。尾鷲林業と言えば、吉野や北山と並び称される「密植」地域であったはずだが、4000本ならまだしも、2500本はもはや疎植と言わなければならない。さらに枝打ちも早い段階で必要な木を絞り込み、その木だけを対象に実施する手法が導入されている。

これらのほかにも、複数の品種のポット苗を同じ林地に植栽して成長の度合いを比較したり、下刈りを行なわずに経過を観察したりと、一帯の林

写真2-31　速水林業の現場を統括する番頭の川端康樹さん。

地ではさまざまな試みや実験が数多く展開されている。伝統的な林業地である尾鷲林業のメッカで、これほど多様なトライアルが行なわれていようとは、川端さんに案内されるまでは想像だにせず、まったく驚かされた。

「たくさんのサンプルをつくりたいんです」と川端さんは説明する。「失敗したっていいんです。これはうまく行かなかった、今の時代には合わなかったというのがわかれば、それは成功ですよね。とにかくやってみて、経験を重ねなければ始まりません」

ひとつの工夫で複合的な効果

さらに注目しなければいけないのは、これらのトライアルにおいては、ひとつの工夫が相互作用的な効果を生み出すことが常に意識されていることだ。

たとえば、枝打ちの対象になる木を絞り込むというのは、枝打ち本数を減らす

写真 2-32　ポット苗専用の苗畑（①）。年間生産能力は 20 万本に達する。30㎝ほどの穂を、鹿沼土（大中粒玉が上部、小粒玉が下部の 2 層構造）を詰めたポットに直挿しし、発根させる（②）。挿す際には、最下部の枝も土に潜るように挿す。これによって、挿した穂が風で回転するのを防ぐ（回転することで穂と土の間に隙間ができると、菌が入り込んで病気になる恐れがあるため）。ポットを埋め込むのは、ブロックと板で囲い、山砂を入れた圃場。寒冷紗できっちりと覆い、日焼けしないようにする（③④）。水やりはせず、半年ほどで植栽可能な状態になる。ポットは撥水ホースを利用したものを使っていたが、最近は生分解性の不織布も使い、植栽時にポットを除く手間がかからないようにしている。

というコストダウン効果があるわけだが、それだけでなく、選木作業の効率化という観点でも意味づけられる。川端さんの説明を聞こう。

「尾鷲の慣習では、8000本くらい植えたうちの2500〜3000本くらいを枝打ちをしているんです。ところが、40〜50年生での成立本数は1000〜1200本で、しかも、それ以前の林齢では枝打ちが付加価値につながる商品はないんです。つまり、枝打ちした意味がない木がかなりの本数あるわけです。だったら、40年で柱になる本数の木を最初に選べばいいだろうと。太くてまっすぐで、根張りがよくて、枝葉が四方に張ってる木を1ha当たり1000本選んで、それらだけを3回くらいに分けて枝打ちするわけです」

そうすると、どうなるか。「枝打ちしてある木と、してない木は、誰が見ても区別できますよね。だから、打ってある木は大事な木なんだから、いっさい触るな、打ってない木を2本に1本の割合で選んで間伐して来いって指示が出せる。そうすれば熟練者でなくても選木ができるし、作業も早く、効率的になるわけです」

2500本／haという疎植の試験林も、本数を減らして植栽コストを下げることだけが目的ではない（写真2－33）。普通に考えれば、これだけまばらにしてしまうと、8000本／haで仕立てるような目の詰まった尾鷲檜を育てることなど、とてもかなわず、目粗でずんぐりとした「ラッパ木」のような樹形になってしまうことを心配しなければならない。ところが、川端さんは、この密度でも従来と同じ品質の尾鷲檜、つまり「速水の木」を育てようとする。

そのために、ここではポット苗用の穂を「採りまくる」（川端さん）のだという。毎年、穂を採取するため、枝葉の量が抑制され、それが光合成を減らす効果にもつながる。だからだろうか、植栽されてから10年ほどが経つ現在の経過を見ると、2500本／haという疎植で育てられ

写真2-33　植栽密度2500本／haの実験林。広さは2反5畝なので、600本ほどが植わっている勘定になる。ここで年間1万5000本もの穂をポット苗用に採取しているという。1本の木からの平均採取本数は25本。葉を減らすことで肥大成長を抑制し、疎植でも形質の良い木に育てることを目指している。

たとは思えない、伸びの良いシャープな樹形が確保されている。「葉っぱを減らせば、肥大成長を抑えられるのではないかなと。そうすれば、疎植でも通直完満な木が育てられるんじゃないかと思っているんです」と川端さんは説明する。

このようなさまざまな効果が見据えられているのは、単にコストダウンを図ろうというだけでなく、どうすれば目指す品質を実現できるかという意識が常に働いているからこその工夫だと言えるだろう。

作業効率はすべて数字で表わす

こうしたさまざまなトライアルの効果について、川端さんは綿密なコスト管理を行なっていて、それぞれの現場、それぞれの作業にどのくらいの経費がかかっているのかについて、すべて数値化し、客観的に評価できるようにしている。

「全部数字で出します。感覚だけでは伝わりきらないことがありますから。現場の数字は、すべて出してます」

「それは、たとえば？」

「効率がどうなっているかを数字ではっきりさせる。枝打ちでも間伐でも、実際にどのくらいの仕事をしたのかを毎日、職員に記録させたものを集計しています。それで機械の損料や福利厚生も含めた原価が1人当たりいくらになるのかといったことを数字にして、全員にすべて伝えてあります」

「いつごろからですか？」

「10数年くらい前からやってます」

作業の効率化を高めるための取り組みも徹底的にやる。たとえば、植林作業のどの部分を改善すればいいのかを明らかにするため、苗木を植え付ける様子を動画で撮影して詳しく分析するといったこともやる（127ページ、コラム参照）。

これらの取り組みによって、速水林業では保育にかける作業を大幅に合理化してきた。表２－１に示したように、１９８０年代は28年生まで育てるのに４１３人工《にんく》もの作業が行なわれていたが、それを１１７人工まで縮減し（平成24年度）、現在は97人工と、１００人工を下回る水準にすることも視野に入れている。さらに、植え付け本数を２５００本／haとした場合では、79人工という数字も想定している。

もっとも、川端さんに言わせると、「疎植がいいとは限らない」ということになる。最近、速水林業では、直径10cm前後の小径木を牡蠣の養殖筏向けに販売するマーケットを開拓していて、m³単価に換算すると2万～3万円もの高値販売が可能になっている（写真2－34）。「それを考えると、密植にして小径木をたくさん売ったほうがもうかるわけですよ。そうなったら、疎植なんて失敗だったたってなりかねませんよね」

つまり、今進めている取り組みも、この先の評価がどうなるかはわからない。表に示した数字も、あくまでも現在のものであって、さらに変化すること

表 2-1　育林投資の変遷（1ha 当たり作業人工数）

林齢	作業区分	1980 年代	（小計）	平成 24 年度（2012）	（小計）	次世代（平成 26 年度〔2014〕資料）	（小計）
1	地拵え	30	（176）	5	（54）	0	（35）
	植付	46		13		8	
	（植栽本数）	（8,000 本）		（4,000 本）		（4,000 本）	
	防護柵設営	0		12		12	
1	下刈り1回	100		24		15	
2	下刈り1回						
3	下刈り1回						
5	伐り捨て間伐	237	（237）	63	（63）	62	（62）
	枝打ち						
13	枝打ち						
14	伐り捨て間伐						
18	枝打ち						
28	伐り捨て間伐						
人工数計		413	（413）	117	（117）	97	（97）

林齢	作業区分	試行中（平成 28 年度〔2016〕資料）	（小計）
1	地拵え	0	（27）
	植付	5	
	（植栽本数）	（2,500 本）	
	防護柵設営	12	
2	下刈り1回	5	
3	下刈り1回	5	
7	枝打ち	12	（52）
13	枝打ち	20	
18	枝打ち	20	
人工数計		79	（79）

資料：速水林業

「試行中」の作業では、「次世代」に比べ、枝打ちの人工数が 10 人工減少している。これはあらかじめ枝打ち対象木を絞り込むことを想定しているため。植え付け本数を少なくしているため、切り捨て間伐の作業もなくなっている。

は大いにありうる。それが速水林業なのである（写真2-35）。

試行錯誤は終わらない

じつは、先ほど紹介した植栽密度が２５００本／haの林分は、速水林業の所有林ではなく、川端さんが地元の自治会から借り、独自に試験地として設定したものだという。

「親父（先代の勉さん）に『２０００〜２５００本くらいに密度を変えてテストをしてみたいので、５反くらいやらせてくれませんか』と相談したら、『絶対に失敗するからやめろ』と言われたんです。でも、１回どこかでやっておかなければいけないなと思って、自治会が荒らしてた山を借りてやってみたわけです」

「自分でやったんですか」

「（シカの食害を防ぐための）柵張りから植え付けまで、全部自分でやりました」

「驚いたな。そういうのはよくやるんですか」

「いろんなことにチャレンジしたり、システムを変えたりするときは、自分でもひと通りやってみるんですよ。ここ10年くらいで7〜8haくらいは山を買ってるんじゃないかな」

「それはテストするためにですか」

「もちろん、テストするためです」

先代の勉さんと言えば、冒頭に紹介したように「昨日と同じことをやろうと思うな」と従業員に檄を飛ばし、路網整備などの取り組みを他に先駆けて取り入れてきた経営者である。その勉さんさえ効果を疑い、ためらった実験を自分の判断でやってしまう。いったい何がそこまで川端さんを突き動かしているのだろう。

写真2-34　牡蠣の養殖筏用に販売している小径材。㎥単価に直すと２万〜３万円もの高値で売れている。

写真2-35　油圧ホースの修理を行なっているスタッフ。機械のメンテナンスはほぼすべて自前で行なっている。そうした体制を整えていることも、経営の効率を高めている。

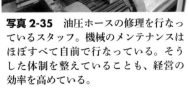

「川端さんって、趣味は林業なんですか」

「いえいえ。趣味は植林、特技は苗木づくりですわ。『そう言え』と望月（望月亜希子さん。速水さんが社長を務めるコンサルタント会社、㈱森林再生システム[8]のスタッフ）から言われているんです。あはは。まあ、思いついたことは、けっこうトライしてきているつもりです」

つまり、同僚さえも呆れさせているのか、この人は。だが、コストカットを厳しく求める一方で、川端さんが仲間に向ける眼差しは温かい。

「いろいろやってますけどね、それでここにいるみんなが仕事ができて、食べていければいいと思ってるわけです」

そして山に向ける眼差しもそうだ。そこにはやはり「速水の木」に対する強い思い入れがあるのだろうし、誇りもあるのだろう。

「こうやって試行錯誤しながらやっていって、それで40年、50年経ってできあがった山は、今まで速水がつくってきた山と同等以上のものにしたい。そういうことなんですよ。いくらコストを下げられたとしても、今までと同じ山がつくれないのでは意味がありません。コストをできるだけ下げながら、今までと同じ山をつくりたい。その挑戦をしなければいけないんです」

林業経営を成立させるために挑戦し続けることと、質の高い木を育てて良い山をつくることは同義でなければならない。単にコストダウンを目指すだけでは、速水林業は生きられないのである。

コラム

植栽効率を動画で分析

植え付け作業をどうやって効率化するか。川端さんは、実際に苗木を植え付ける様子を動画で撮影し、作業項目ごとにかかった時間を計測した。

(8) 森林再生システムは、前出のトヨタ所有林の管理を受託し、現場実務を諸戸林友に発注している。速水林業、諸戸林友、森林再生システムの業務は一体的に運営されている。

その結果、苗木1本当たりの植え付け時間は、普通苗が108秒、ポット苗が75秒となった。1日の実労働時間を6時間（60秒×60分＝2万1600秒）とすると、普通苗なら約200本、ポット苗なら約300本の植え付けが可能な計算となる。現在、速水林業ではポット苗による植え付けを標準作業としており、普通苗による従来の作業に比べて、効率を1・5倍高めていることになる。

それをさらに効率化するために、作業効率を分析したのが表2-2である。撮影データをもとにポット苗による植え付け作業時間を項目別に計測し、改善ターゲットを探った。

「次の植え付け場所に移動する横移動は、改善のしようがありません。踏み固めも必要です。しかし、そのほかの作業は、ポットや器具を改良することで作業そのものを必要なくしたり、時間を短縮したりすることができます」（川端さん）

ポットについては、ビニールポットは取り外し作業が必要になるが、生分解性ポットにすれば、そのまま植え付けることができ、取り外す必要がなくなる。植え付け器具も、これまでは鍬を使ってきたが、ポットの径と同じくらいの穴を地面に開けるプランティングチューブのようなものに換えれば、穴掘りや埋め戻しの時間を短縮でき、足元だけの作業になるから縦移動は必要がなくなる。

そうやって効率化した場合の作業時間を示したのが表の下段「目標値」であり、これなら1本の植え付け時間が45秒になり、6時間の実働時間内に約500本の植え付けが可能になる。

表2-2　ポット苗植栽作業の項目別効率分析（平成26年〔2014〕取材時点）

作業項目		横移動	穴掘り	ポット取り外し	埋め戻し	縦移動	踏み固め	作業時間
現在（秒）		20	20	10	15	5	5	75秒／本
改善要素	ポットの改良			○				↓
	器具の改良		○		○	○	○	
目標値（秒）		20	10	0	10	0	5	45秒／本

資料：速水林業

5 「良い山づくり」が良い人材を集める

「B材でいい」では面白くない

平成28年の春先、山陰地方に出かけ、ある研修会で講師を務めた際に、参加していた地元森林組合の現場担当職員から次のような質問を受けた。

「別の研修で講師から『これからはＢ～Ｄ材の需要が主流なのだから、それに即した森林施業をすればいい』と言われた。しかし、Ａ材を育てようとしても、すべての木がＡ材になるわけではない。つまり、施業の目標が１００％達成されるということはないのだと思う。そうなると、Ｂ材を育てる施業をしたとしても、結局はＣＤ材になる部分も出てきて、Ｂ材の割合は低くなるということにならないか。合板や集成材、バイオマス発電が主流なのだから並材でいいという施業をしていたら、結局は並材以下の林分が多くなってしまうのだと思う。それがわかっていて、そういう施業でいいということになると、仕事としては、まったく面白くない。意欲が湧かない。それについて、どう思うか」

私のほうは、例によって講演の中では「木の価値を高めよう」という話をしていたので、もとより「Ｂ材でいい」という施業には賛成できない。それに、このように言われてみると、なるほど、目標を低く設定してしまうと、結局は目標以下の林分が増えることになりかねないし、それではモチベーションが維持できない、というのは強く納得できた。だから、それはやはり「良い木」を育てることを目標とし、そのための工夫をするべきだろうと答えた。

質の高い木を育てる技術が刺激になる

その数日後、知人ふたりと東京で一献傾けながら、並材需要が主流なのだから質が多少低下しても低コスト化を進めるべきだという議論が林業界にあることを紹介したら、ひとりから「現場の人たちの力で森づくりを進めてもらうためには、やる気のある意欲の高い人材が参入したいと思えるような環境を整えなければいけないのではないか。『質が落ちてもいい』という考え方で良い人材が集められるのだろうか」と疑問を投げかけられた。これにも深くうなずかされた。前記の森林組合職員の言っていることにも通じる。

低コスト化が必要なことは論を待たない。しかし、それで「質はどうでもいい」というのでは、意図したよりもさらに質が低い山しかつくれないということになりかねず、それでは仕事として面白くない。面白そうに見えなければ、良い人材は来てくれない。

500年にわたる吉野林業の長い歴史で培われ、ほとんど皮膚感覚であるかのように山守たちの体に染み付いている形付けの技術。名人と目された先人から学び取り、自らの創意工夫も加えて練り上げた譲尾さんの技術。そうした山づくりの技術は、体系化されたものから、地域に独特のもの、個人がひそかに身に付けているものなど、数えきれないほどあるはずで、そのひとつひとつに森や木の真理が宿っているかのような魅力があり、学びの意欲をかきたてられる。そして、質の高い木を育てることに関しては一歩も退かずに強い意欲を持ち続け、それでいて変化を厭わずに新たな方法を模索し続ける速水林業の経営姿勢には、多くの人が奮い立つような刺激を受けるだろう。木を育てることとは、自然と濃密に交歓することそのものであり、こんなにも創造的で面白いことなのである。

6 丸太は商品——ポイントは造材

規格に合った丸太をつくる

木材のマーケティングについては第4章で考えることにしているが、その前に林業にとっての商品である丸太をつくる「造材」の技術に焦点を当てておきたい。

造材に関しては、プロローグで鳥取県智頭の自伐林家、赤堀家の完治さん、澄江さんが記念市用に伐倒したヒノキの高樹齢材を丸太に切り分ける場面を紹介したほか、本章第4節でも速水林業の造材専門スタッフである西村広作さんの仕事ぶりを取り上げ、造材が丸太の価値を高めるために重要な作業であることを示した（写真2－36）。ここでは、その技術的な留意点をまとめておく。

基本的なポイントは、ふたつある。ひとつは、ユーザーのニーズに適う丸太をいかにつくるかである。留意するのは、末口の直径と長さ、そして余尺（伸び寸）である。丸太の径級と用途の関係は表2－3と図2－1の通りで、それぞれの用途に適した寸法・長さの丸太をつくるのが基本になる。

個々の製材所がどんな製品づくりをしているかの特徴を踏まえ、それにかなった造材を行なうことも重要である。たとえば、西村さんの作業にも出てきたが、同じ柱でも3寸5分角（10・5㎝角）の柱なのか、4寸角（12㎝角）なのかで必要な丸太の太さが変わってくる。16㎝に仕分けられるものの中でも、16㎝に近いものは3寸5分角しか取れないが、17㎝を超えれば4寸角を製材できる。取引先が4寸角をメインにしているのな

写真2-36　造材は丸太の商品価値を決定づける重要な作業だ。

ら、それに合わせて17cm以上の寸法を確保できる造材を行なうか、造材された丸太の中から、そのサイズのものを仕分けて販売することで、ニーズに対応できる。あるいは、柱専門メーカーではなく、側《がわ》から間柱などの板材も製材しているメーカーが顧客なら、中目クラス以上の丸太を供給すればいい。

寸足らずでも柱がつくれる

もちろん、表に掲載した径級と用途の関係は、あくまでも基本に過ぎず、地域による特徴はあるし、応用動作をしなければならない場面はいくらでも出てくる。

たとえば、末口径14cmか、それを下回るような丸太から10・5cm角の柱を挽くと、径が足りないため末口側に丸みが生じる。そのため、14cm以下の丸太は柱取りには仕分けられないのが一般的だ。ところが、柱は3mが既定の長さだが、実際にそのままの長さで使うことはほとんどなく、プレカット工場での加工や大工の刻みの段階で、建物に合わせた長さ（たとえば2850mmなど。2階の柱なら2650mmなどと、さ

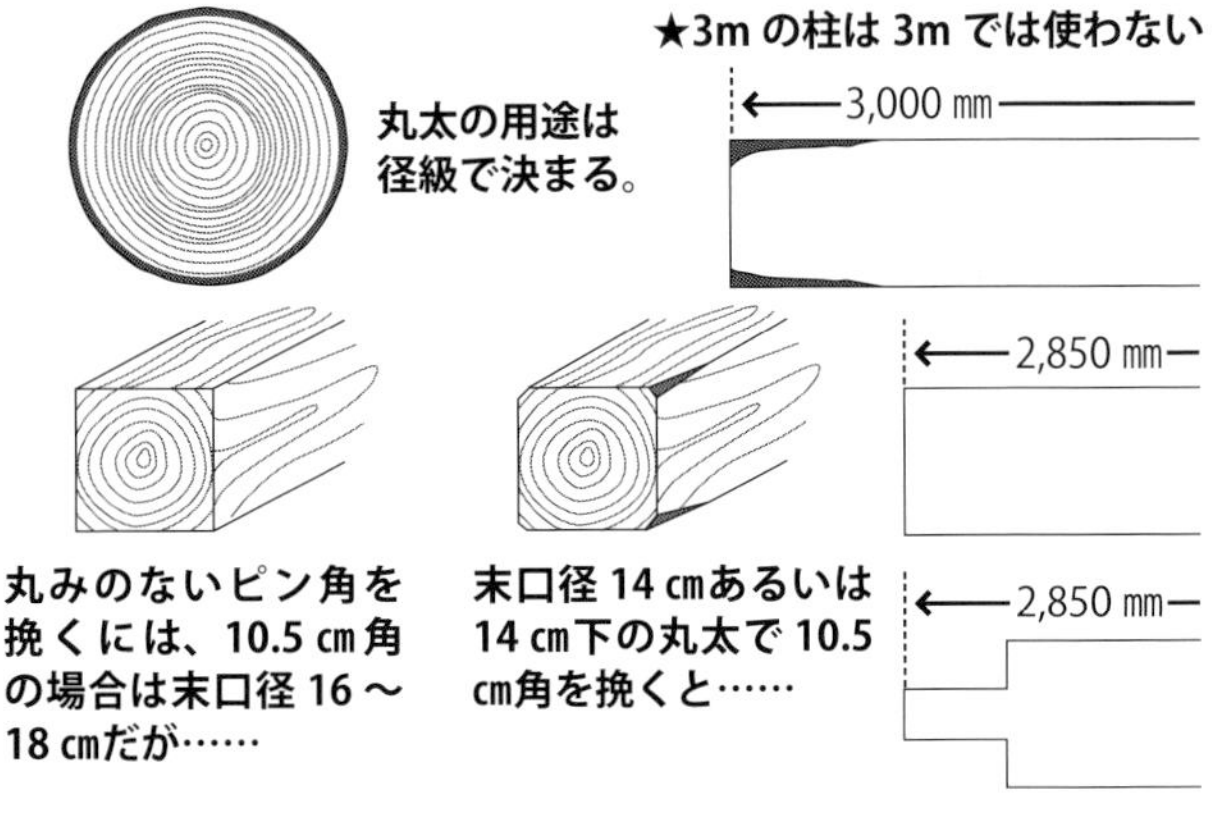

★3m の柱は 3m では使わない
丸太の用途は
径級で決まる。
3,000 mm
2,850 mm
2,850 mm
丸みのないピン角を
挽くには、10.5 cm角
の場合は末口径 16 〜
18 cmだが……
末口径 14 cmあるいは
14 cm下の丸太で 10.5
cm角を挽くと……

図 2-1 丸太の径級と製材品の関係

たとえば 3m の柱材でも、実際に使用する際には長さが短くなることが多い。そうすると、小口に少しくらいの丸みがあっても、使用上の問題はない。

表 2-3 国産材丸太の径級別用途

		長さ					
		2m	3m	3.65m	4m	5m	6m
末口直径	13cm以下	杭	杭		杭、母屋、タルキ		
	14cm	合板	柱（未乾燥材）		母屋、タルキ		
	16〜18cm	合板	柱	柱、造作、羽柄	柱、桁、タルキ、土台		長柱
	20〜28cm	建具、合板	柱、下地、羽柄	柱、造作、羽柄	土台、梁、桁、造作		長柱
	30cm以上	建具、合板		役物柱、造作、羽柄	役物柱、梁、桁、建具、造作	特殊用途（寺社等）	特殊用途（寺社等）

＊実際は地域事情によって異なる。上記はあくまでも目安。

らに短くなるケースもある）にカットされてしまう。そうすると、小口近くに多少の丸みがあっても、刻みの段階でその部分が除去されることになり、さらにホゾ(9)の加工も施されるので、使用上の問題はなくなる。

プレカット工場の場合は、ピン角（丸みのない材料）ばかりを求めるので、そういう融通は利かないが、自分で刻みを行なう大工や工務店なら「これで十分」と使ってもらえるケースが出てくる。実際に、そのことを見越して、末口径14㎝前後で多少の丸みで済みそうな丸太を購入し、柱を挽いている製材工場もある。そうした工場と取引があれば、一般流通では柱取りに扱われない丸太を柱用として供給することもできるのである。

余尺については、小口割れに対応するために長めに付けるほか、製材木取り上の都合で長めにしておいたほうが喜ばれるケースもある。

たとえば、最近の室内ドアは高さ２ｍが一般的になってきており、そうするとドア周りの縦枠材もそれに合わせた長さが必要になる。小口割れも考慮すれば、２２００㎜程度になる。そうした製材に合わせて丸太をつくる場合は、標準長さの４ｍに10㎝や20㎝の余尺を付けるだけでは足りず、40㎝あるいは50㎝の余尺が付いていたほうが喜ばれる（写真２－37）。それだけの長さがあれば、芯で角材を採った残りの側板から、建具用の縦枠材を２丁製材することができるからである。

もちろん、どの丸太も余尺を長めにすればいいわけではない。枠材はいわゆる造作材であり、材面のきれいな製材品が使われる。側から材面のきれいな役物が採れそうな丸太だからこそ、長めの余尺が重宝されるわけで、そのあたり、自分が造材する木の品質を正確に見極める眼力も必要になる。

(9) ホゾ：材どうしを接合するために、一方の材につくられる突起。

２㎝括約を意識した寸法管理を

造材の基本的なポイントのもうひとつは、末口径を上手に管理することである。末口径14㎝以上の丸太は、２㎝括約で仕分けられるため、実際にはひとつの寸法表示に２㎝

写真 2-37　4m 材に 40 ～ 50㎝もの余尺が付けられたヒノキ丸太（白墨の部分が 4m）。

近いアローワンス（許容範囲）があることになる。たとえば、末口径「16㎝」に分類される丸太には、16・0㎝はもちろん、17・8㎝や17・9㎝といった18㎝をわずかに下回る丸太も含まれる。だが、それらの丸太は、切り方次第で18㎝と、ひとつ上のサイズにすることもできたかもしれないのである（写真2－38）。

そのあたりの寸法管理を意識するかしないかでは、末口二乗法[10]による丸太の材積が大きく変わってくる。たとえば、長さ3mで、末口径が16㎝と18㎝で材積にどのくらいの差が出るかというと、16㎝なら0・077㎥、18㎝なら0・097㎥と、18㎝のほうが26％も材積が多くなる。この差は大きい。実寸が17・9㎝と18・0㎝では、見かけ上のサイズはほとんど変わらない。ところが、材積にはそれだけの違いが生じてしまうのである。それを考慮して、18㎝に仕分けられるような造材の仕方をしていれば、それだけ売上が増えることになる。

このような造材をするためには、今、自分が切っている丸太がどんな寸法になるのかをある程度正確に把握できる眼力が必要になる。手元のことだけではない。ここで切るなら、次に切る長さではどんな末口径になるのかまで予測できれば、材積効率を大幅にアップさせることができる。

このほか、当然のことだが、その時々の相場を把握して、もっとも高値で売れる丸太を造材することも重要である。今の売れ線が3mなのか、4mなのか。あるいは、6mの長物はどのくらいの値段で取引されているのか等々、そういった情報には、ふだんから敏感でありたい。

丸太は商品である。その商品のつくり方次第で価値が高くも低くもなり、価格も変わってくる。このことを肝に銘じて造材作業に従事したい。

写真2-38 最近は高性能林業機械を利用する現場も増えているが、細かな調節はできない。

(10) 末口二乗法：長さ6m未満の丸太の材積計算方法。末口（小さいほうの小口）の直径を二乗し、長さを掛けて算出する。末口16㎝、長さ3mの丸太なら、0・16×0・16×3＝0・077㎥となる（小数点以下第4位は四捨五入）。

第3章

木を育て続ける

——「自伐林家」という生き方

① 「自伐は儲かる」のか？

自伐林家のイニシアチブを確保する

「自伐林家」とは、所有する山林で育てた木を自ら伐採搬出して販売し、収入を得ている林家のことを言う。彼らは日常的に山に入り、あるいはサラリーマンなどとの兼業なら、休日になれば山に出かけ、山仕事に精を出す。

彼らは山に通う必要があるから、多くの場合、所有林の近くに住んでいる。林業が疲弊する中で、多くの林家が山林経営への関心を失っており、都市部に転出して不在地主となるケースが後を絶たない。それが山間地の過疎高齢化につながっている。そのような中、所有林と向き合うことをよりどころに、地元に住み続ける自伐林家は貴重な存在だと言える（写真３－１）。

日本の山林の所有構造は非常に零細で、それが経営の効率化を阻んでいる。そのため、政府は、複数の林家の所有林を取りまとめ、森林組合などの林業事業体に経営を任せる施策を推進している。林地をまとめて規模を大きくすれば、所有界にとらわれずに最適ルートで路網を整備できたり、機械化がしやすかったりといったメリットがある。そこで、一定規模以上の面積を取りまとめ、国が定める仕組みにのっとった計画（森林経営計画）の認定を受けた者だけが間伐などの作業に関する補助金を受けられるようにしたのである。

だが、その取り組みを進める中で、林地を集約化し、計画を作成することを優先するあまり、計画への従属を強要したりと、小規模な自伐林家のイニシアチブ（主導権）が損なわれるケースが見られたのは残念なことであった。

写真 3-1　日常的に山と向き合い、地元に住み続ける自伐林家は大切な存在。

すべての林家が山仕事に従事できるわけではないから、森林組合や林業会社が所有者に代わって山林経営を行なうケースも当然ありうる。意欲のある林家が隣接する他人の所有林も合わせて経営規模を拡大することもありえよう。しかし、地域社会の大切な住人である自伐林家の意欲をくじくようなことになっては、元も子もない。だから、林地の集約化も適切な手法で推進される必要がある。

特に森林組合の場合は、地域の林家の多くが組合員なのであるから、個々の事情に配慮することは、組合員に対する当然のサービスだと言える。たとえば、森林組合が行なう集約化の対象に、自ら山仕事に従事している自伐林家が含まれるなら、その林家とよく相談し、従前と同様に独自の判断に基づく経営が行なえるようにしたり、林家の意志が尊重されるような計画を作成したりといった配慮をすべきなのである。

父祖の思いに報いる

ただし、自伐林家の経営も決して楽ではない。

立木の伐採搬出を他人に頼めば、その分の経費を支払わなければならない。現在の木材価格水準では、特別な優良材ならともかく、一般材以下の品質では丸太を販売した代金から伐採搬出経費を差し引くと、山主の元にはろくに利益がもたらされないということがよくある。下手をすると赤字にさえなる。

一方、自伐林家なら、自分で作業するから外注費用を支払う必要がなく、丸太の売上がそのまま自分のものになる。だから価格が低迷していても、自力で木を伐採して販売すれば、いくばくかの収入を期待することはできる。

しかし、経費分を確保できても、木そのものの経済価値がカウントされないようでは「林業経営が成り立っている」とは言えないのではないか。むしろ問題は、現在の価格水準では、何十年もかけて育てた木を伐採して販売しても、作業経費をまかなうくらいの売上にしかならないということなのである。

もちろん、価格が安くなったために経費分の売上にしかならないのなら、その経費を誰かに支払うのではなく、自ら作業することによって自分の収入にしようという考えに行き着くのは、自然な流れだと言える。父祖が汗を流し、あるいは費用を投じて育てた木は、先人の思いのかたまりである。その木を伐採し、販売したときに生じた売上を、経費として他人に支払うばかりというのではあまりにやるせない。そう考えて自伐という道を選択するのは、至極まっとうな話である。そうやって山間地での暮らしを選ぶ人が増えれば、地域活性化への期待も高まろう。

そもそも林業という営みは、事業として見れば育林投資をいかに回収して利益を上げるかが重大な問題になるが、山間地域で暮らしを成り立たせるための生業として捉えるならば、父祖の労働や資金によって形成された価値を子や孫が収穫によって取り出し、生かすことに何の不都合もない。むしろ、それこそが父祖の望んだことであり、その思いに報いることなのだと言えるだろう。

生産するだけでは林業は成立しない

ただし、それで収入が得られたことをもって「経営が成り立つ」とか「儲かる」とかと言ってしまうことには、私はやはり抵抗がある。

たとえば、稲作で言えば、まさに刈り取るばかりにまで育った田んぼを与えられたとすれば、あとは生産するだけであるから、売上はそのまま収入になる。しかし、そのことだけで「儲かった」とは決して言えないはずだ。稲作では、荒起こし、代掻き、田植えに始まり、草取り、水の管理、畦の草刈り等々と、いくつもの作業を積み重ねて稲を育てる。その過程でかかった日数や費用、そして肉体的、精神的な苦労を無視して、生産すなわち刈り取りの部分だけで収支を論じることなど、できるわけがない。

林業も同じである。いま伐ることができるのは、何十年あるいは１００年を超える

写真 3-2　140 年生の吉野杉の美林。途方もない育林作業の積み重ねの上に、この姿がある。

ほどの長い年月をかけて育てられてきた木があるからであり、その途方もない積み重ねに目をつむって、伐った木がいくらで売れたから、いくら儲かった、という言い方で林業経営を論ずることなど、できるはずがない（写真３－２）。

さらに言えば、林業経営は生産一辺倒で成立するわけではない。立ち木を伐採し、丸太を運び出すという生産行為の一方で、いま、自分がやっているように将来世代も木材を生産できるようにするためには、木を植えて育てることにも力を入れなければならない。つまり、下刈りや除伐、雪起こし、枝打ちといった、売上にはつながらない育林行為も行なわなければならないのである。過去の積み重ねは置いておき、現在の発生ベースのみで収支を見るとしても、１年のうちの育林に費やした日数や時間もカウントするなら、甘い話になるわけがないのである。

実際の林家の例として、本章で後ほど紹介する愛媛県西予市の菊池俊一郎さんは、１月末からの約２カ月間は朝から晩まで枝打ちに従事していて、その間は山からの収入はなく、福井県福井市（高田町）の八杉健治さんも、２～３月は枝打ちと雪起こしに忙殺される。

木を伐って販売し、いくらの売上があったというのは林業経営の一面である。そこだけを見ているのでは、林業の実相には近づけない。

木を育て続けることこそが林業

林業を成立させるために必要なのは、木を育て続けられるようにすることである。もちろん、作業に利用する道を入れたり、機械を導入したりしてコスト削減を図ることも重要だが、生産対象になる木が将来にわたって存在し続けなければ経営のしようがない。戦後、植林したスギやヒノキの人工林が大きく育ったことを受けて、「日本の林業は『育てる時代』から『利用する時代』になった」と言われる。しかし、林業を成立させ、持続させるためには、木を育て続けることこそが必要なのである。だから、林業は「常に育てる時代」だという意識を持つことが重要なのだと強調したい。

そのことを思えば、今の林業でもっとも問題にしなければならないのは、林業の収益性が低下したために木を育てることが難しくなってきていることであり、その対策をどうするかが喫緊の課題なのである。プロローグで紹介したように、鳥取県・智頭の自伐林家、赤堀家の現当主、完治さんは、今は生産を中心にした経営にならざるを得なくなっていると明かし、「ウチは自伐だから、労賃分の収入にはなりますけどね。でもプレミアムというか、甘いところはなくなっています」と話してくれた。この言葉は、多くの自伐林家の思いを代弁していると思う。

本当なら、これまでやってきたように山づくり、すなわち育林にもっと時間をかけたいのに、木材価格が下がったために収入を確保するための生産に追われて、それがままならない。父祖が植え育てた木があるからこそ林業を営むことができていることを、自伐林家は誰よりも強く感じているはずだ。だからこそ、自分たちも後の世代のために木を育てなければと思うのに、それが思うようにできないというのは、彼らの心中に言いようのない不安を巣くわせているのではないか。

その不安をどうすれば解消できるのか。それには、やはり「木の価値を高めること」が重要なのだと強調したい。現状では、長い年月をかけて育てた木を販売しても、生産経費相当分くらいの売上しか期待できず、林家の経営に余裕はない。しかし、木の価値が高まり、収益性が少しでも改善すれば、その分、育林に力を入れることができるし、大切に育てた木が適切に評価されれば、良質な木を育てよう、良い山をつくろうという林家の意欲を持続させることもできる。自伐林家であれ、作業を他者に委託している林家であれ、そのことに変わりはない。もちろん、道を入れたり、機械を利用したりすることは有効だし、それらによってコストダウンを図ることは必要である。だが、その一方で、木そのものの価値も高まるようにしなければ、コストダウンの効果が際立たない。

自伐林業に参入することで山間地に住むことを選ぶ人たちが増えれば、地域活性化の期待は確かに高まる。だから、自伐という経営形態を推進することは意味のあることだと私も思う。しかし、それだけでは問題解決には至らない。彼らも、今ある資源を利用するだけでは済まず、次代へつなぐ資源をどう育て続けるかという課題に直面することになるのは変わらないのである。

「自伐」という言葉からは、生産のイメージを強く受ける。しかし、「自伐林家」の営みとは、木を伐るだけではない。彼らは必ず木を育て続けることにも力を注ぐ。「自伐林家」という生き方とは、木を育て続けることであり、そこに林業とはどういう営みなのかの答えもある。それを具体的に示すために、本章では、「育てる」こと、木の価値や山の価値を高めること――に強い意欲を持ち続けている5例の自伐林家を紹介する。

❷ 自伐林家の営み

林業で食べ続けるための技術と経営　◉菊池俊一郎さん（愛媛県西予市）

枝打ちに没頭する2カ月間は無収入

愛媛県西予市の自伐林家、菊池俊一郎さん（昭和47年生まれ）を訪ねたのは、平成27年11月末のことであった（写真3－3）。西予市は四国のほぼ西端にある八幡浜市の南隣りに位置する。九州と四国とを分かつ豊後水道に鋭く突き出た佐田岬半島の付け根から南に10㎞ほど下ったあたり、と言えばイメージしやすいだろうか。

写真 3-3　菊池俊一郎さん。

菊池さんのところを前回訪ねたのは平成22年1月だから、ほぼ5年ぶりの再訪である。その間、山以外では何度も顔を合わせていて、互いの酒量はほぼわかり合っていると私は思っているが、だいたいこちらが過ごしてしまって、後で泣きを見ることになる。前夜も例によって市内にある三瓶漁港のほとりで飲みかつ語り合ったのだが、最後はやはりこちらの分が悪かったような記憶がある。

三瓶漁港は菊池さん宅からほど近く、前回も泊まりはここのビジネスホテルであった。ただし、「近い」と言っても、その高低差はすさまじい。朝、迎えに来てくれた菊池さんの車に乗り、海抜ほぼ0mの漁港から菊池家のある西予市三瓶町和泉を目指す道行きは、直線距離ならわずか4kmほどだが、垂直距離は300mほどもあり、港からしばらくは、なだらかな坂道だが、途中からは急坂を一気に登りつめて現地に至る。特に菊池さんの家があるあたりは崖を見下ろすような急傾斜地で、敷地の足元に隣家の屋根が迫っているという位置関係で集落が形成されている。前回来たとき、菊池さんが「隣りの家は『上下』です」と笑いながら説明してくれたことを思い出した。

この地で菊池さんは、父親の俊文さん（昭和16年生まれ）とともに2haのミカン畑を経営する傍ら、28haの林地で自伐林業を営んでいる（写真3－4）。林業経営に参入したのは祖父の代からで、菊池さんは3代目になる。

写真 3-4　菊池俊文さん。

ミカン農業と林業の労働配分はほぼ半分ずつで、収益ベースではミカンが7、林業が3の割合だという。それは、ミカンの売上が大きいからというよりも、林業のほうは収益につながらない作業があるからだと菊池さんは説明する。

「僕は素材生産業者ではないので、生産ばかりじゃないんですよね。枝打ちとか、お金にはならない、タダの山仕事があるわけです。ミカンの出荷が一区切りする1月終わりから2カ月間くらいは、毎日、木に登って枝打ちをしてますから」

「その間は、山からは無収入ですか？」

「そうです。一銭も入らないから（収支は）真っ赤です。そして、その分は山では埋められない。それをやろうとして木をたくさん伐ってたら、木がなくなっちゃうじゃないですか。だから、ミカンで稼いだお金をそこに充てる。最近は樹上作業[1]の仕事も増えてきましたけど、山に行くための算段として、そうやってほかの仕事をして稼いでいるわけです。山の在庫を減らすわけにはいきませんから」

人件費と利益は別

このように話す菊池さんだが、もちろん、山からの収入もしっかり得ていて、「山は儲かってますよ」と胸を張る。「だって『儲かる』のが当たり前でしょ。じいさんや親父が植えて育てたものを伐って売るだけなんですから」と強調する。

だが、今まさに説明してくれたように、無収入で育林に没頭している時期もあるわけだから、「儲かっている」というのは、生産した山での、そのときに発生した収支の結果を言っているのだと受け止めるべきだろう。生産だけをやっているわけではなく、「植えて育てる」ほうにも力を入れているのだから。

そのことを確かめると、菊池さんは「それはそうですよ。だって僕は素材生産業者じゃないんですから」と悪びれずに認める。だが、さらに話を聞いていくと、その時点での「儲け」というのが、甘さのない収支計算に基づいていることがわかってきた。菊池さんの説明を聞こう。

「よく言われる自伐林業の収支って、自分の人件費を経費に計上していませんよね。それはおかしいと思うんです。だって、それなら絶対に『黒』（黒字）でしょ」

「そこなんですよね、問題は」

「本当は自分の人件費も経費として差し引いて、残ったのが利益ですよね。たとえば、４日間で10㎥の丸

（1）樹上作業：枝が折れて落下したり、倒れたりする危険がある木に「ツリークライミング」と呼ばれる技術を駆使して登り、枝を安全に切り落としたり、梢のほうから順々に吊るすように伐採したりする作業。

太を生産して20万円の売上があったとする[2]。そこから市場までの運賃を引くだけなら、えらく儲かったように見えますよね。でも、自分の日当が1万5000円だとすると、4日間で6万円の経費が発生するわけです。それを差し引いたものが本当の利益ですよね。それなのに、自伐ならその経費分も手元に残るから『儲かる』っていうのでは、利益と経費を一緒くたにしちゃってる。おかしいですよね、それは」

「だと思います。でも、ということは菊池さんが言ってる『儲け』っていうのは？」

「当然、人件費分は差し引いて計算しています。それで利益が出なくて、人件費分しか残らないんなら、森林組合で働いて日当をもらうのと変わりません。それじゃあ情けないじゃないですか」

つまり、菊池さんが「人が植えた木を伐ってるんだから儲かるのが当たり前」と言う意味をきちんと聞き取るには、ふたつの視点が必要なのである。ひとつは、そこで言っているのは、そのときに発生した収支の話なのだということ。そして、もうひとつは、「儲かっている」というのは、自分の人件費を差し引いて計算した結果なのだということである。

では、そうやって利益を確保するために、菊池さんはどんなふうに仕事をしているのだろうか。それを具体的に見ていこう。

挿し木苗を混植して多様性を確保

菊池家の林業経営は、高い品質の木を育てることを目指して綿密な管理を行なっていることと、その一方で、省力化や効率化の工夫を積極的に取り入れていることに特徴がある。「だって楽をしたいじゃないですか。だから必死になって楽できる方法を探します。まあ、極道の考え方ですよ」と菊池さんは笑う。

主力樹種はヒノキで、目指す品質はまっすぐで節がなく、年輪が密にそろっていること。年輪幅は3㎜が目標だ。同じ愛媛県内で優良材の産地として知られる久万林業地では、ヒノキの年輪幅を2㎜とした施業体系が確立されているが、西予は久万よりも気候が温暖で生育が良いため、菊池家では目標を3㎜に設定し

(2) 「丸太10㎥の売上が20万円」（平均単価2万円／㎥）というのは、菊池さんがそれだけ価値の高い木を育てているということと、高く売れる丸太をつくる造材技術を身に付けていることとを勘案して聞く必要がある。たとえば、スギの一般材なら丸太価格は8000〜1万2000円／㎥程度か、少し質が落ちればさらに低い価格になってしまう。その価格水準で菊池さんが言う意味での「儲け」を出そうとすると、相当な技術が必要になる。

た。植栽密度はこれまで6000本／haとしてきたが、それでは「芯が絞り切れない」（俊文さん）と感じており、「9000本なら、ちょうどいいかなと思っているんです」（菊池さん）と、今後は密度を濃くすることを検討している（写真3－5）。

植栽するのは選抜された品種の挿し木苗で、何種類もの品種を混植する「グループ植え」という手法を導入している（写真3－6）。等高線に添って4列ずつ異なる品種を植え分け、縦方向も品種を適宜変えて、さまざまな品種がモザイク状に分布する林分を仕立てる。つまり、クローンである挿し木苗を何種類も混植することで林地の多様性を確保し、それぞれの生育を見極めながら間伐を進め、最終的にはいずれかの品種で質の高い山が形成されるように誘導しようというのである。

もっとも、性質の異なる品種を同時に育てるのには手間もかかる。それぞれの特徴に合わせた育て方をしなければならないし、隣り合った異なる品種が互いを圧迫し過ぎないような枝の打ち方や密度管理も考えなければならない。枝が暴れるように伸び、放っておくと幹が曲がってしまうため、頻繁に枝打ちが必要で、「こいつは本当に手間がかかる」と菊池さんをぼやかせる品種もある。

写真 3-5　植栽密度は 6000 本／ ha だったが、年輪幅 3 ㎜を実現するために今後は増やすことを検討している。

写真 3-6　複数のヒノキ品種を混植した「グループ植え」の林分（①）。林床に打ち込んだ杭に品種の目印を書き込んである（②）。

省力林業を目指して独自品種を選抜

ただし、前述したように、手間のかけ通しにしないための工夫を常に意識しているのが菊池家のスタイルで、それはさまざまな場面で発揮される。たとえば菊池家では、所有林で個体を選び出し、品種の選抜固定を行なっているが、そこにはいかに手をかけずに良質な木を育てるかという考え方が色濃く反映されている。

これまでに選抜したのは、「1」〜「5」と、数字を名前にした5種類のヒノキである。その中の「3」は根元から高さ13mほども枝がまったくなく、すっきりとした姿でまっすぐ立っている（写真3－7）。スギの場合は自然に枝が落ちる性質があるが、ヒノキは枝がなかなか落ちない。そのため、良質な木に仕立てるためには枝打ちが必要になる。ところが、この木は人為が何も加えられていないのに、きれいに枝が落ちているのである。菊池さん親子はその特性に目をつけ、穂を採取し、接ぎ木をして苗木をつくっている。

「全部がこれならいいのにっていう木なんです。まるで枝打ちをしたみたいにきれいな肌になってる。うまく行けば超省力化でやれるでしょ」と菊池さん。

「つまり、とにかく楽をしたい、ということですか」と問うのに、俊文さんが「お金がほしくて仕事が嫌いだってことですわ」と答え、菊池さんが「極道だと、いろいろ考えるわけです」と笑いながら付け加える。

ほかの4種も、やはり枝がきれいに落ちていたり、尾根筋でマツくらいしか育たないようなところで旺盛に伸びていたり、ヒノキなのにスギのような木肌を持っていたりと、際立った個性があり、それらの生来の特性を生かした省力林業をやろうと菊池さん親子は目論んでいるのである。それをふたりは「極道だから」

写真 3-7　枝が自然に落ち、きれいな幹になっていることで品種選抜された「3」。

と笑うが、裏を返せば、それだけ林業経営に真剣に取り組んでいるのである。

選木の流儀は「木を多めに残す」こと

そのような経営意欲の強さは、選木の姿勢にも色濃く反映される。基本的な考え方は「伐り過ぎない」ことである。冒頭に紹介した、育林作業に忙殺される穴埋めに生産量を増やすことにでもなれば「木がなくなっちゃう」と菊池さんが言ったその言葉に、菊池家の経営姿勢がよく表われている。

つまり、いつでも生産可能なように木を残しておこうというわけで、単純に劣勢木を伐るのではなく、むしろ林分の中で成長が良い木を積極的に抜くような選木をする。大きめの木を抜けば、それだけでかなりの空間を確保でき、ほかに何本も伐らなくても間伐の効果を上げられる。逆に、その木を生かそうとすれば、まわりのまだ細い木を何本も伐らなければならなくなる。ならば、むしろ細い木を多めに残し、次回以降の間伐で生産できるようにしておこうと判断するのである。大きな木なら1本で材積も上がるから収益面でもプラスになり、それで間伐効果を確保できれば次回以降、生産対象になりうる木を残すこともできるというわけだ。

「次が伐れなくなっちゃったらダメなんですよ」と菊池さん。俊文さんも「大きな木を育てるのは簡単なんですよ。でも、それをやると間伐でお金は稼げないんですよ」と強調する。

造材は1本の木で2回やる

収益性という観点からは、どう造材すれば売上が最大になるかという観点も盛り込んで、どの木を伐るかを決めていく。つまり、伐倒する前の立木の段階で、どんな丸太を生産できるかが見極められる目を持たなければならない。「だから、造材は立っているときと、倒してからとの2回やるわけです」と菊池さんは説明する。

「まずは樹高がどれくらいあるか測り、そのうちの丸太として使える部分の造材を考える。たとえば、元を1m外してから6mの直材を採って、次は3m、最後にバタ角を採る、そうしたら、この1本でいくらくらいの売上になるなという目安をつけるわけです。そのへんのことは目測でできるようにしておかなければダメですよね。長さも㎝単位の精度までは必要ありませんけど、m単位でほぼ正確に把握できる目は持たなければいけません。

それと、木って立ってるときが一番安定した状態だから、その段階でどう造材するかの見当をつけておくんです。あのへんはまっすぐだけど、あそこに曲がりがあるなっていうのが、立ってるときはよくわかりますよね。伐倒して寝かせてしまうと、現場は平地じゃないから、たわむことだってある。だから、立ってるときによく見ておくわけです。そうすると、後の作業がしやすくなります」

「でも、あまり何本も倒してしまうと、せっかく見当を付けたのがわからなくなったりしませんか」

「だから、僕はいっぺんに倒すのは5本までです。それなら、それぞれの木をどう扱うかがわかった状態で作業できます」

このような造材技術について、菊池さんは「林業をする上で持っていなければいけない技術」だと強調する。もちろん、どんな丸太にするかを決めるには、利用する側のニーズもわかっていなければならないから、雨で現場に出られないときなどは、製材所や大工の作業小屋に出かけ、製材の様子や材の刻み作業を1日中眺めていることもあるという。そうした研究熱心な態度も含めての技術なのである。

補助金なしに林業で食べ続ける

じつは菊池家では、補助金をいっさい使っていない。だから、菊池さんや俊文さんが仕事の仕方を説明してくれるときに、制度がどうだからこうしなければいけないといった話にはまったくならない。山にとって、木にとって、そして自分たちにとって最善の方法が何かを判断して実行に移す（写真3－8）。それだけだ。聞いていて、じつに小気味がいい。

取材を通じて、菊池家が目指しているのは「林業で食べる」ことではなく、「林業で食べ続ける」ことなのだと得心した。今ある資源を利用して食べるだけでなく、先々も生産可能な状態が継続するように配慮し、次の世代に受け渡すべく、育林にも力を入れる。「じいさんや親父が植えて育てたものを伐っている」という言葉には、今に至る礎を築いてくれた父祖への感謝も込められているのだということを見逃してはならない。その思いが、自らも次代のための山づくりを行なう原動力になっている。そこに、この家の林業の真骨頂がある。

写真 3-8　作業道には廃品の瓦を敷き詰めてある。これによって路盤が安定する。

雪に強い優良大径材を次代に託す

◉八杉健治さん（福井県福井市）

集落ぐるみで間伐材を生産

福井県北部の嶺北地方をほぼ東西に貫く足羽川《あすわがわ》沿いの山林地帯は、足羽川林業地と呼ばれ、北陸有数の林業地として知られる。その一角を占める福井市高田町（旧美山町）で林業を営む八杉健治さん（昭和24年生まれ）は、１年を通して所有林に足繁く通い、季節を踏まえた施業を丹念に行なっている（写真３－９）。所有面積は約20ha。その８割はスギで、伐期を１２０年に設定し、優良大径木生産を目指した山づくりを進めている（表３－１）。ＪＲ越美北線の越前高田駅から歩いて２、３分のところにある自宅のすぐ脇には、集落の山にアクセスする作業道の入り口があり、思い立てばすぐ山に行くことができ

写真 3-9　八杉健治さん。

る。

八杉さんは30代半ばまで民間企業に勤めた後、昭和59年に地元の美山町森林組合に入り、平成24年に退職するまで木材の買い付けや加工工場の運営、工場で製造したさまざまな木製品の営業といった業務を担当してきた。その立場を生かし、集落の住民が生産した間伐材を森林組合が買い上げて、さまざまな木製品に加工する仕組みを整えたり、所有林を自分で手入れしたいという住民を対象に技術指導を行なったりと、地域林業のリーダー的な立場で活動してきた。

福井県では、集落の住民による森林管理を支援する「コミュニティ林業」施策を進めている。高田集落でも、その推進組織として平成23年6月に高田木材生産組合を立ち上げ、八杉さんが理事長に就任した。組合としての間伐材生産量は、23年度は375㎥にとどまったが、24年度は1271㎥、25年度は1200㎥と大幅に増加した。同組合の取り組みは、地域が一体となった間伐推進の好例として注目を集めている。八杉さんは組合員の中でもっとも有力な生産者で、自家山林以外に管理を任されている山からの出材も含め、年間250～300㎥の間伐材を生産している。

だが、当然のことながら、山の仕事は生産一辺倒ではない。優良材を育てようと育林に力を入れている事実にも、きちんと目を向けなければ、この地の林業を理解したことにはならない。八杉さんがどのような山づくりを行なっているのか、具体的に見ていこう。

早く太らせ、雪に強い木に

八杉さんによると、この地域でまず考えなければならないのは、雪に強い山にどう

表3-1　八杉健治さんの所有林の樹種・林齢構成

（単位：ha、平成26年〔2014〕現在）

齢級*		Ⅰ～Ⅱ	Ⅲ～Ⅳ	Ⅴ～Ⅵ	Ⅶ～Ⅷ	Ⅸ～Ⅹ	Ⅺ以上	計
人工林	スギ	—	1.69	0.90	3.80	2.38	7.73	16.50
	ヒノキ	—	0.38	0.12	0.50	—	—	1.00
	小計	—	2.07	1.02	4.30	2.38	7.73	17.50
天然林		—	—	—	—	2.50	—	2.50
計		—	2.07	1.02	4.30	4.88	7.73	20.00

資料：八杉健治氏
＊齢級：林齢を5カ年ごとに括ったもの。1～5年生までⅠ齢級、6～10年生までⅡ齢級、以下同様に、Ⅲ、Ⅳ、Ⅴ……と続く。

やって仕立てていくかである。「このあたりは、湿度が高くて重たい雪が降るんです。１㎥当たりの重さが３００kgから５００kgほどにもなる雪（通常、新雪は50〜１５０kg／㎥程度）で、その重たい雪が雪解けのころになると木を抱きすくめたまま2〜３ｍも下に移動する。それで木が引っくり返ってしまうんです」

　そのため、植林する際には、雪が動きづらくなるように、植え付け場所の斜面を鍬で削り、平らな場所をつくってから苗木を植える。「階段造林」と呼ばれるやり方である。さらに割り竹で添え木をつくり、苗の谷側にぴっちり添わせて地面に挿し、苗を支える。植え付け位置は、雪害で将棋倒しになるのを防ぐため、上下の列ができないように千鳥（格子状の配置）にする。本数は２３００本／haと密度をやや薄くして、樹高成長よりも肥大成長を重視した施業を行なう。

「われわれが目指しているのは、早く太らせることです。だから形状比(3)をもっとも重視します。昭和56年に旧美山町で林業青年部をつくったときに、１３００戸近くにアンケートをとって、雪折れの実態を調査しました。８００戸が回答してくれて、形状比が『70』くらいなら被害が少ないとの結果が出た。植栽本数を２３００本／haにしたのは、それからです。その前は２５００本／haくらいでしたし、祖父の世代だと３０００本／haを植えていた。それをだんだん減らしてきたわけです」

　だが、本数を減らして千鳥で植え、添え木をしても雪で倒れてしまう木はある。そうした木は、１本１本、丁寧に雪起こしを行なう（写真３-10）。3月中旬に雪が融けると山に行き、尾根まで登り、上から順に木を起こしていく。曲がらないように、なるべく根元に近いところに紐をかけて起こすのがポイントだ。「5〜6年生くらいまでの雪起こしが大事なんです。そのころまでにピシッとまっすぐになる癖をつけてしまう」

　それよりも大きくなった木が倒れた場合は、腕力だけでは起きないので、木起こし

写真 3-10　湿った雪が大量に降るこの地方では、春先に行なわれる木起こしは大切な育林作業だ。

(3)　形状比：胸高直径に対する樹高の割合で、「樹高／胸高直径」の計算で求められる。細長い木ほど値が大きくなり、風雪害に弱くなる。

機（小型ウインチ「チルホール」の簡易な物）を使う（写真３－11）。そうした作業を10年以上も続け、雪起こしの心配がいらないくらいの大きさになれば、次は間伐や枝打ちが本格的に始まる。

間伐と枝打ちで成長をコントロール

「15年生くらいになると、雪起こしの必要もほぼなくなって、みんな『やっと楽になった』と、あまり山に行かなくなってしまうんですよね。でも、そこからが大切なんです。間伐をマメに行なわなければいけないし、枝打ちだってやらなければいけない。40年生くらいで胸高直径が30㎝くらいになれば、雪にやられる心配もなくなって、まあ安心ですけど、それまでは、やらなければならないことがいくらでもあります。『備えあれば患《うれ》いなし』と言いますよね。豪雪はいつ来るかわかりません。手入れが遅れた山は、いったん豪雪になればやられる危険性が高い。先回りして雪に強い山をつくっておかなければならないんです」

大事なのは、常に一定の密度環境が維持されるようにすることだ。だから、頻繁に間伐を行ない、密度が濃くならないように、かと言って空き過ぎないように、少しずつ抜き伐りしていく。

「ぽつぽつと下枝が枯れ始めたら、それは山が『間伐してくれ』と言っているわけですよ。もちろん、枝打ちのほうもやらなければいけませんよね。一気に打ち上げるんじゃなくて、適切な時期に適切な高さだけ実施して、成長をコントロールするわけです」

山の中で場所ごとの状況を見定める目も求められる。

「山は平坦じゃないですから。尾根も谷もあるし、窪みも平らなところもある。たとえば、窪んでいるところは土が肥えてるから、木が上に伸びやすい。そうすると形状比が高くなって雪に弱くなってしまいま

写真 3-11　手作業では起こせない木を起こすのに使う木起こし機。

す。だから間伐率を少し上げて、頻度も多くして太らせる」

ただし、単に太くて雪に強くするだけでなく、木材としての品質も高い木に育てなければならない。足羽川林業地は優良大径木の産地として知られ、八杉さんもそういう木を育てることを目標としている。

「芯持ちの柱取りにする木を育てようというのではありませんから、芯のほうは年輪が多少粗くてもいいんです。それよりも外側がきれいな木目になるように育てる。だから太さが20㎝くらいになってきたら、その外側は年輪が粗くても３〜４㎜でそろうように、間伐と枝打ちで成長をコントロールします。間伐が遅れると形状比が高くなるだけでなく、年輪も混み過ぎてしまってよくない。この地域は芯去り材[4]を製材するので、それにふさわしい木を育てるわけです」

もちろん、枝打ちには節の少ない材に育て上げる目的もあり、最終的には高さ10〜12ｍほどまで、きっちり打ち上げる。疎植にしている分、枝は太くなる傾向があるので、きれいな材に仕立てるためにも枝打ちは欠かせない。枝が太くなりすぎると、打った痕が大きくなって腐れが入る恐れが強まる。そのためには早めに打つ必要があるが、一気に打ち過ぎると成長が抑制されるし、巻き込みが悪くなる。つまり、山に頻繁に通って、少しずつ、しかし遅れないように打たなければならない。

道具は基本的に鉈を使っていたが、最近、八杉さんが主に使用しているのは、排気量25㏄程度の小型チェーンソーだというので驚いてしまった。それできれいに打てるのだろうか。

「刃のピッチが通常の倍になっている竹伐り用のソーチェーンを付けるんです。これなら、きれいに打てますよ」

打ち方にも工夫があって、幹に添って打つのではなく、枝の上端の幹に接した部分に刃を当て、そこから枝そのものに対して切り口が直角になるように打つ。「このほうが幹に添って打つより傷口が小さくなる。幹に添った角度で打つと痕が楕円になるが、枝の向きに対して直角に打てば痕が丸くなる。そうでなければ、あかんのです。次に左右の皮が少し残っている部分を、面取りするようにスッと撫ぜてやる。これで半

(4) 芯去り材：年輪の芯を外して挽いた製材品のこと。柱や梁桁の場合、大径の丸太から製材するために手間がかかり、柾目面など見栄えの良い材面が採れやすいため、芯持ち材より高値になることが多い。

年は巻きが早くなりますね」

このあたりは、やはり地域性もあって、八杉さんが育てようとしている大径材ではなく、芯持ち柱用に無節のきれいな材にしようということになると、また違った方法になるのだろう。正解はひとつではないのである。

「適期」の作業がいい山をつくる

八杉さんの1年は忙しい。伐採は春伐りが3月いっぱいまでで、秋伐りが土用明けから8月いっぱいまで。伐採した木は、すべて葉枯らし乾燥を行なう。期間は平均で2カ月。大径材は、さらに長い期間、山中に置く。出材時期は、春伐り材が5月から遅くとも6月中旬の梅雨前まで。秋伐り材は9月末から10月に出す。年間を通して、もっとも出材量が多くなるのは、記念市シーズンでもある10月である。

そのほかの時期は、梅雨時は秋伐りの下ごしらえの除伐作業を行ない、10月から12月中旬までと、2月後半から3月初めまでは枝打ちにいそしむ。3月のちょうど春の選抜高校野球が開催されているころには、雪起こし作業もある。これは本当に忙しい。

「すべて『適期』にやることが必要なんですよ。僕は組合（高田木材生産組合）でも一番、木を出しているほうやけど、1年中、伐ってるわけじゃない。雪起こしはせなあかん、除伐もせなあかん、枝だって打たなあかん。そういうことを山に合わせてやる。もともと木は天然のものなんだから、より天然に近い施業をしてやらないと、ええ山にはならんのです」

ということは、かなり細やかな管理が必要になるのだろうか。

「そりゃあ、もちろんですよ。果樹農家なら、しょっちゅう畑を見に行って、あの芽を摘もうとか、あの枝を切ろうとか、そんなことばかり考えてるはずです。野菜農家や米農家も同じ。稲としゃべってはいないんだろうけど、話してるんやないかというくらいの仕事をするのがプロなんですよ。山も一緒です。相手はしゃべりませんけど、ちゃんと見ていれば、こういうことをしてほしいんやなとわかる」

次の世代に託す思い出の山

所有林の中には、八杉さんが自分で植林し、一から育ててきた山がある（写真3‐12）。植えたのは昭和44年から45年。もとは雑木山だったものを父親が皆伐し、その跡地に八杉さんが植林した。植え付け本数は2300本／ha。これまで紹介してきたようなやり方で丁寧に育ててきた山は、胸高直径が30㎝を超え、根元から10ｍを超えるあたりまで、すっきりと枝がない姿の良い木が林立している。広さは作業道をはさんで上が7反、下が3反で、合わせるとちょうど1haになる。

「枝打ちは、高いところで12ｍくらいまでやってあります。この先は間伐を2回くらいして、最終的な伐期は120年生くらいやね。これから2、3年のうちに、もう1回抜こうかと思うんやけどね」と八杉さんは目を細めて言う。

「ご自分で植えて育ててきたわけですから、かわいいんでしょうね」

「それはかわいいですよ。どこのあの木と言われれば、うーんと目をつむると、ああ、あの木かってわかります」

「1本1本に思い出があるんですね」

「そう。林業とはそういうものです」

林業とは木を大切に育てることが基本であり、それはいつの時代でも変わらない。八杉さんの話を聞くほどに、そのことに改めて思い至らされる。次の世代のための木を育てることを常に考えなければならないのである。

「それが大事なことなんですよ。これまで育ててくれた人がいるからこそ、いま、われわれは木を伐ることができているわけです。ところが、そのことが理解

写真3-12　自ら植林して育てた山の前で。伐期は70年後。

されていない。祖父や父親の苦労がわかっていれば、自分も次の世代のために木を育てようということになるはずなんです」
八杉さんが一から育ててきた山も、伐期として設定した１２０年生になるまでは、まだ70年以上もの年月がかかる。堂々たる大木に育った木を伐るのは、何代先になるのだろうか。八杉さんの曾孫の世代か。あるいは、さらに先の世代か。そのときに価値の高い立派な木が子孫にもたらされるように、八杉さんは山を手入れし続けるだろう。そのことが、その山を託す次の世代にも山への思いを育ませることになる。そうやって山は受け継がれていくのである。

木材と花卉の複合経営で活路を開く

◉大江俊平さん・英樹さん（和歌山県田辺市）

龍神でも有数の専業林家

和歌山県田辺市龍神村の大江俊平さん（昭和23年生まれ）は、用材生産と花卉生産を複合経営で手掛ける専業の自伐林家である（写真３－13）。家族は俊平さんの母親の文代さん、奥さんの順子さん、長男の英樹さん（昭和55年生まれ、写真３－14）・二美《ふみ》さん夫妻、お孫さんの杜和《とわ》君（平成24年生まれ）と花歩《かほ》ちゃん（平成28年生まれ）の7人。山仕事は俊平さんと英樹さんのふたりが担い、花卉生産には順子さんや二美さんも加わる。花卉は枝物と呼ばれるコウヤマキとサカキを主に生産しており、春秋の彼岸やお盆には作業が繁忙を極める。

林業が盛んな龍神でも、大江家はとりわけ経営に熱心な林家として知られる。

写真 3-13　大江俊平さん。

写真 3-14　大江英樹さん。

山林所有面積は98ha。もっとも古い林分は１００年生を超えてきているものの、多くは拡大造林期以降に植栽したもので、40～50年生程度の林分が中心となる。植栽密度は６０００本／haと多く、枝打ちや間伐といった撫育作業を念入りに施してきている。

将来的に高樹齢の良質材を生産できる山に仕立て上げることを目指しており、木材生産は間伐によって行なっている。英樹さんは「僕の代で手を抜かずにきちんと育てていけば、息子が継ぐころには70年生や80年生の良質材生産を中心にした経営ができるようになるはずなんです」と、将来を見据えた育林の重要性を語る。

年間生産量は３００㎥ほどで、現在の主力品目は枝打ちした柱適寸のヒノキである。丸太はすべて地元の龍神村森林組合が運営する木材共販所に出荷しており、大江家は良質材の出荷者として定評がある（写真３－15）。

コウヤマキの生産性はトップクラス

大江家では、場所によっては５００ｍ／haにも達するほどの高密路網（幅員２ｍ）を所有林内に張り巡らせており、その路網を用材生産だけでなく、花卉生産にも活用して実績を上げている（写真３－16）。「スギやヒノキの価格がここまで低迷してくると、用材生産だけでは経営が厳しいですから。何かメニューを増やせないかということで、枝物の花卉に取り組んできたわけです」と俊平さんは説明する。

主力産品は前述したようにコウヤマキとサカキで、いずれも30年ほど前から本格的に生産するようになった。現在、これらの売上は大江家の年間総売上の５割ほどをも占め、家計を支える重要な収入源になっている。

写真 3-16　高い密度で作業道を張り巡らせている。

写真 3-15　手入れの行き届いたヒノキ林。大江家の木は市場で高い評価を受けている。

関東ではなじみが薄いが、関西ではコウヤマキが墓や仏壇に供える仏花として日常的に使われる。その旺盛な需要を背景に、高野山周辺からこのあたり一帯の山間地では、仏花用のコウヤマキ栽培が盛んに行なわれている。大江家の場合、林内に張り巡らせた路網のすぐそばで採取用の木を育てているため、生産効率が非常に高く、有力な生産者のひとつに数えられる（写真3－17）。

「こういう枝物もね、結局は路網ですわ。コウヤマキ生産の先進地ではモノレールを使ったりしていますが、現場で1本1本切りそろえて運び出すのでは、たかが知れてるんです。それでは、年に一度のチャンスであるお盆のときに、大量には出せません。ところが、ウチは道のそばの木を枝が付いた状態で切り取って、それを軽トラックに満載して家まで運び、軒下で家族が剪定ばさみでさばくんです。おそらく単位時間当たりの生産量を競ったら、トップクラスだと思いますよ」（俊平さん）

コウヤマキの枝を山で採取するのは、息子の英樹さんの仕事である。道具は鋸。何本もの製品が採れるように木の上方を幹ごと切断し、枝が付いたそのままの状態で軽トラックに積み込み、山から下ろす。それを30㎝から80㎝まで、所定の長さの製品に家族で仕立てるのである。

英樹さんによると、切り方にもコツがあり、製品の形状はもちろんのこと、その木の樹勢がどうかや、採取後にどのような樹形に仕立てていきたいかなどを勘案して切り取るのだという。切り取った後は、切り口の周囲の枝が新たな芯となって上方に向けて立ち、何年かすれば樹形が回復して再び枝を採取できるようになる。

「ただ、忙しいときは、そんなに丁寧にばかりはやっていられないんですけどね」と英樹さんは話す。何しろ、作業のハイシーズンとなるお盆には、2週間で3万2000本から3万5000本の製品を出荷する

写真 3-17　仏花として枝を出荷するコウヤマキ。お盆のピーク時には２週間で３万本以上も生産する。

というから大変だ。単純に本数を日数で割ると、１日に２５００本ほども生産している計算になる。「家族４人だけでやっている数字としては、驚異的だと思いますよ」と英樹さんは胸を張る。このあたりは、やはり路網の威力だと言えるだろう。

プレミアムなサカキを商品化

サカキに関しては、中国産が幅を利かせる中で、国内では和歌山県が全国トップの生産量を誇る。中でも田辺市は最有力産地であり、特に龍神はサカキの適地として定評がある。

生育場所は「南西向きの丘か尾根筋で、日当たりが良く、風通しも良いところ」（俊平さん）で、大江家の所有林は県の職員に「稀に見る適地」と評されたことがあるという。「紀伊半島のこのあたりに神様が種を播いてくれたんですわ」と俊平さんは顔をほころばす（写真３-18）。

そのように恵まれた条件のもと、大江家ではサカキ生産に力を入れており、通常の流通商品として専門業者に卸す以外に、もっとも質の高いものだけを厳選して束に仕立てたオリジナル商品を売り出している。商品名は『龍神真《りゅうじんま》榊《さかき》』。和歌山県優良県産品（プレミア和歌山）推奨制度の認定を取得した逸品で、価格は市価の４倍程度の１束７００円（税込み、送料別）に設定した。１対だと１４００円、送料を含むと２０００円にもなる（写真３-19）。「日本一の商品を日本一の価格で売ろうというわけです。ターゲットは富裕層です」と俊平さんは力を込める。

写真 3-19　プレミアムな独自商品「龍神真榊」は一対で 1400 円（送料別）。

写真 3-18　龍神産のサカキは質の良いことで知られる。俊平さんは「神様が種を播いてくれた」と顔をほころばす。

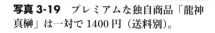

もっとも、ただ価格を聞いただけだとかなりの高額商品に感じるが、日持ちも含めた総合的な商品力を加味すると、案外、値ごろ感もある。

通常商品の場合、大江家で1週間ほど在庫した後に出荷され、流通過程でも、さらに1週間の在庫期間があるのが普通だ。「お客さんはそれを店頭で買うわけですから、山で採取されてから、すでに約半月は経っているわけです。だから、それほど長くは持たない」(俊平さん)

ところが、龍神真榊は直接販売するため、在庫期間なしに消費者の手元に届けられる。「注文をいただいてから3日以内に発送します。ですから日持ちの良さを評価していただけると思うんです。春の新芽の時期で3週間、秋の彼岸以降のものなら最低1カ月は持ちます」と俊平さんは説明する。

このように大江家では山にあるものをただ採ってくるのではなく、少しでも質の高いものを生産しようと工夫を重ねている。コウヤマキもサカキも質の良い木を選抜し、その苗木を育てる試みにも着手しているし、サカキがより良く生育する照度を確保する目的で、上層木の間伐度合いをコントロールすることもある。

「モノづくりというのは、いま何となく売れているから、それでよしというのではなくて、もうちょっと気の利いた良いものができないかということを常に考えるわけです。ただ飯が食えればいいというのではなく、少しでも良いものを世に出してみたいという思いに駆られるんですよ」と、俊平さんは生産者としての思いを語る。

雷の日以外は山に行く

俊平さんは学生時代を東京で過ごし、昭和46年に卒業した後は就職せず、すぐに家業の林業に就いた。若いころから、とにかくよく山に通い、今も年に300回は山に行く。「300日」ではなく「300回」というのは、少しでも時間ができれば山に行くという意味で、休むのは雷の日だけ。「男は本業以外に目立ってはいけない」が信条で、趣味は晩酌くらい。林業だけに没頭し、山と同じように自身も年輪を重ねてきた。

昭和49年に結婚し、40年以上も夫の仕事ぶりを見てきた妻の順子さんは、「もうこの人は山キチガイやとみんなに言われるほどでしたから」と明かす。俊平さんも「あはは、親父にも言われた。『お前はキチガイか』と」と笑う。

順子さんは目を細めて、「とにかく1時間でも半時間でも余裕ができたら、すぐに山に行くんです。雨の日も行くんですよ。『山から流れてくる水がどう流れるかによって、道の付け方が違うんや』って言って。水の流れを観察したいということなんです」と、真一文字に山に取り組む夫の行動原理を説明してみせる。

かつて年間の費えを上回るような出費で林内作業車を購入したとき、枕元に置いたカタログを眺めて、買おうかどうしようか毎晩悩む夫の姿を見て、順子さんは「仕事に役立つものやったら思い切って買いましょう」と背中を押した。その林内作業車は今も現役で、俊平さんは「あのときに林内作業車を買ったことと、道をどんどん開設したこととが一体となって、いま結実しているわけです。なんだかんだ言うても、男は女に引っ張られるわけですわ」と、支えてきてくれた妻の力を認める。

生後半年から息子を山へ

「僕らの立場は国家内国家だと思うんですわ。ここに100ha前後の領土があり、そして家族と言う国民、人間がいると。そして国家としての決め手は『主権』だと思うんですよ。ここでやるぞ、生きるぞというね」

そのように山間地で自営業者として生きる決意を語る俊平さんは、その「国家」を継続させるための後継者づくりに早くから力を入れてきた。娘ふたりに続いて待望の長男が生まれると、精英樹を意味する「英樹」と名付けた（ふたりの娘さんにも木にちなむ名前を付けている）。その英樹さんが生後半年くらいのときには、所有林のスギの壮齢木におんぶ紐で括り付け、そのまわりで家族が山仕事をするのを眺めさせた。まだ赤子の息子に、山に軸足を定めて歩む覚悟を根付かせようとしたのである。

「後継者を育てるのは、木を育てる以上に大切なことだと思っています。もちろん、ある年齢になった以降は自分で道を決めていけばいいと思いますが、それまでは親の哲学を責任をもって伝えなければいけないというのが私の考えです」

その英樹さんは、高校入学と同時に家を出て、大学時代も外で過ごす中で、当初、家に戻る考えはなかったという。ところが、結局、卒業後は就職せず、龍神に戻って家業に就いた。

「就職活動で会社訪問をしながら足元を見たときに、自分にしかできない仕事として林業という選択肢はあるなと思ったんです。同年代の仲間と比べたときに、僕が持っている一番の長所は自然の中で培われたものだろう、だったら林業で行けるんじゃないかなと」

英樹さんが家業に従事するようになって10数年。俊平さんは「倅には小さいときから山のことや家のことを教えてきた。たいていのことは理解してくれています」と、息子の仕事ぶりに盤石の信頼を置く。家族が力を合わせて山に向き合う暮らしの手ごたえを順子さんに尋ねると、一言、「幸せです」との答えが返ってきた（写真3－20）。

写真 3-20　家族が力を合わせて林業を営んでいる。右端は俊平さんの妻・順子さん。

父祖から受け継いだ山を守る　◉奥山総一郎さん（岡山県真庭市）

週末は山仕事

岡山県北部の真庭市に住む奥山総一郎さん（昭和48年生まれ）は、岡山県森林組合連合会職員として働く傍ら、所有山林を自ら手入れし、木材生産を手掛ける兼業タイプの自伐林家である（写真３－21）。所有面積は６haと小さいが、祖父や父親が大切に育ててきた山林をよく手入れして、その価値を高めようという意識は非常に強い。休日は、ほかに予定がなければ山に入り、間伐や道づくりなどの山仕事に没頭する。やればやるほど山は目に見えて良くなり、奥山さんは山に入るたび、そのやりがいを噛みしめている。休日出勤やらなんやらで都合がつかず、山に入れない日が続くと機嫌が悪くなる。

伐採した間伐材は、県森連が運営する勝山木材共販所[5]にすべて出荷しており、その売上は農協の口座に振り込まれる。知人に手伝ってもらうこともたまにはあるが、通常は自分ひとりが週末だけに行なう作業であり、常に出荷を伴うわけではないから、後述するように売上は決して多くない。しかし、「山がきれいになって、こういうリターンもあるというのは、やっぱりうれしいものです」と目を細め、唇の端を緩めて微笑む。

奥山さんの物腰は落ち着いていて、感情をあからさまに出すタイプではないようにも見える。直截な物言いから、つっけんどんな印象を持たれることもあるかもしれない。だが、山のことを話すときの声には、明らかに弾んだ響きがある。あるいは、せっかく植えられた人工林が手入れ不足で荒れ果てている現状や、仕事のしぶりが荒っぽい林業事業体について話すときは、怒りを含んで語気が強まる。要するに、この人は山のことはおろそかにできないのだな、と話すほどにわかってくる。

職場での挫折が山に向き合う契機に

そんな奥山さんだが、もとから山に興味があったわけではない。東京農業大学の林学科で林業工学を学び、卒業後は地元に帰って県森連に就職というキャリアからすると意外だが、以前は所有林にほとんど足を運ばなかった。

（5）木材共販所：森林組合系統が組合員の山林で生産された丸太を販売する市場。

写真 3-21　奥山総一郎さん。

「父から何度も誘われたんです。『一緒に山に行こう』って。でも、まったく耳を貸しませんでした」

父親の琢之さん（昭和21年生まれ）も、次のように振り返る。

「こいつが高校生くらいのときじゃったかな、山の境を見せちゃるけんって言ってな、連れて行ったんじゃが、やっぱり興味がなかったんじゃろなあ。ぜんぜん知らん顔をして空ばっかり見とる。ここが境じゃけえなって言うても、知らん顔じゃ。こりゃあ、いけん、と思うた」

奥山さんが豹変したのは、10年ほど前のことである。岡山市内の県森連本所から新見市内の木材共販所に配属された奥山さんは、本所でのデスクワークを難なくこなしていた自分が、共販所の現場ではまったく役に立たないことに気を落とし、鬱々とした日々を送っていた。

そんなある日、まるでタイミングを見計らっていたかのように琢之さんが、「おい、一緒に山で木を出してみるか」と声をかけてきた。だいぶ前に境界の確認には付いていったものの、その後は山行きの誘いを断り続けてきた奥山さんだったが、この日は違った。自分も山主であり、気が向きさえすれば現場の仕事はいくらでもできるはずなのである。やってみるか、と腰を上げた。

「共販所に来て2年くらい経っていたんですが、仕事では相変わらず役立たずで、シュンとなっていた。父が声をかけてきたタイミングはストライクでしたね。やってみたら、案外お金にもなるし、大学で学んだことを思い出しながら作業をしてみると、とてもおもしろかったんです」

「ある日、突然豹変したものなあ、お前も」と、そのときのことを思い出したのか、琢之さんは悪戯っぽい口調で語りかける。奥山さんは照れているのか、「目覚めた」と短く答えるだけだ。そんなふうに息子が目覚めることを父親は予想していたのだろうか。「いやあ、まったく思うてなかったなあ」と琢之さんは笑いながら言う。

「じゃあ、一緒に行くって言って、山をやり始めたときはうれしかったでしょうね」

「そりゃ、うれしいな」

そう言って琢之さんは、ぶっきらぼうを装うかのように父親とは目を合わさないでいる息子に笑いかけてみせた。

山の収入は山のためだけに使う

奥山家は、真庭市南部に位置する旧落合町の畝《うね》集落にある。ここは徒歩圏内に保育園と小中学校がある、山間地にしては便利な土地柄で、集落の東を流れる備中川に向かう緩やかな傾斜地に40軒の家がある。周囲は丘と言ってもよさそうな低い山々に囲まれていて、見晴らしはとてもいい。

その集落の中で奥山家は、同じ敷地内の母屋と離れに奥山さんと奥さんの利枝さん、ふたりの間に生まれた紗衣《さえ》ちゃん（平成17年生まれ）、萌衣《もえ》ちゃん（平成19年生まれ）、茉衣《まい》ちゃん（平成25年生まれ）の３人姉妹、琢之さんと奥さんの早苗さん、平成26年12月にめでたく１００歳を迎えた祖母の郁恵さんの４世代８人が暮らしている（写真３－22）。跡継ぎの奥山さん一家は、奥山さんと同い年の友人の大工が建てた離れで生活している。

所有山林６haは８カ所に分かれ、いずれも自宅から車で15分以内のところにある。もっとも近い山は自宅の窓からも見え、「山仕事の手を休めると、子どもたちが遊んでいる声が聞こえてくることもあります」というのだから立地条件は申し分ない。

真庭市と隣の津山市を中心とする美作《みまさか》地域は、国内でも有数のヒノキ産地として知られ、奥山家の山林もほとんどすべてがヒノキ林である。林齢は25年生くらいの若いものから１２０年生を超えるような古い木も一部にある。作業は、木々の密度を適切に保ちながら林型を整える間伐と、路網整備が中心となる。はじめのうちは琢之さんが付いてくれていたが、奥山さんが本気になったと見てとるや、「もう、わしは百姓だけ。米と野菜をつくる（奥山家には田んぼと畑が２反ほどずつある）。山は坊主に任せた」と琢

写真 3-22　母屋の玄関前で。左から母親の早苗さん、奥山さん、父親の琢之さん。

之さんはきっぱり手を引き、現在は基本的に奥山さんがひとりで作業している。

保有している機械は、チェーンソーが2台（40ccと50cc）、林内作業車が大小2台（1tと1・2t）、ウィンチ付きのグラップルが1台（4t）。このほかに簡易製材機（ハスクバーナ社のホリゾン）もある。

これまで（平成26年10月中旬時点）の作業実績を市場への出荷量と売上で見ると、表3－2のようになる。材積も収入も決して多いわけではない。しかし、フルタイムで働く傍らでの収入として見れば、年間10万円に満たなかった平成24

表 3-2　奥山家の林業経営実績

年	市日	材積（㎥）	売上（円）	平均単価（円／㎥）	消費税（円）	売上計（円）	手数料運賃（円）	差引収入（円）
平成22年（2010）	4月19日	4.837	70,416	14,558	3,520	73,936	22,576	51,360
	4月27日	3.712	46,383	12,495	2,319	48,702	16,601	32,101
	5月10日	1.781	17,488	9,819	874	18,362	7,514	10,848
	9月18日	2.981	35,725	11,984	1,786	37,511	11,995	25,516
	10月18日	8.495	94,936	11,176	4,746	99,682	32,606	67,076
	11月29日	7.097	74,004	10,428	3,700	77,704	26,738	50,966
	計	28.903	338,952	11,727	16,945	355,897	118,030	237,867
平成23年（2011）	1月28日	7.986	150,321	18,823	7,516	157,837	36,423	121,414
	3月 9日	6.413	100,911	15,735	5,045	105,956	27,378	78,578
	5月10日	2.902	33,126	11,415	1,656	34,782	11,201	23,581
	9月17日	8.284	90,453	10,919	4,522	94,975	31,667	63,308
	9月27日	11.285	137,910	12,221	6,895	144,805	44,430	100,375
	計	36.870	512,721	13,906	25,634	538,355	151,099	387,256
平成24年（2012）	2月 7日	7.181	71,080	9,898	3,554	74,634	26,694	47,940
	11月28日	2.45	28,143	11,487	1,407	29,550	9,474	20,076
	計	9.631	99,223	10,302	4,961	104,184	36,168	68,016
平成25年（2013）	3月29日	6.128	64,388	10,507	3,219	67,607	22,581	45,026
	4月 4日	5.066	73,546	14,518	3,677	77,223	21,232	55,991
	5月10日	3.378	26,170	7,747	1,308	27,478	11,567	15,911
	5月14日	3.584	45,960	12,824	2,298	48,258	14,521	33,737
	12月20日	7.583	145,742	19,220	7,287	153,029	34,187	118,842
	計	25.739	355,806	13,824	17,789	373,595	104,088	269,507
平成26年（2014）	2月26日	8.385	117,477	14,010	5,873	123,350	33,676	89,674
	4月16日	5.557	70,205	12,634	5,616	75,821	21,925	53,896
	5月 9日	15.601	166,699	10,685	13,335	180,034	58,602	121,432
	10月 6日	29.278	335,806	11,470	26,864	362,670	112,215	250,455
	計	58.821	690,187	11,734	51,688	741,875	226,418	515,457

年は別として、毎年20万～30万円、26年に限れば10月までで50万円に達する副収入があるというのは、一般的なサラリーマンの感覚からすれば、それを小遣いとして好きなように使えるのだとしたら、魅力的ではあるだろう。ただし、奥山さんの場合はそうではなく、山で得た収入はすべて「特別会計」としてプールし、それに手を付けるのは、山に関わることで何か出費があるときだけと決めている。

「もちろん、将来、それなりの額になれば、子どもの学費だとか結婚費用だとかに使えるようになるかもしれませんけど、今はとてもとても。重機の油圧部分が壊れでもしたら修理費がかかるし、新しい機械が必要になるかもしれない。そういう山関係の出費に備えた『特別会計』なんです」

実際、先に紹介した機械のうち、１・２ｔの林内作業車とウィンチ付きグラップルは、平成25年3月に琢之さんと費用を出し合って中古で購入（代金は2台で約４００万円）したもので、その際に奥山さんは溜めていた特別会計をすべて使ってしまった。機械の威力は絶大で、増強した生産力を背景に、特別会計も再び積み増してきているわけだが、「使途は山関係だけ」というスタンスは変わっていない。

自分の代で山を台無しにできない

こうしたことからわかるように、奥山さんの林業経営は、所有林で木材を生産して「儲ける」ことだけが目的ではない。もちろん、売上から諸経費を引いた収入があるわけだから、それだけで言えば「儲かっている」ことにはなる。しかし、「それは自分の人件費を見ていないからですしね」と奥山さんが指摘するように、人件費分を差し引いた木材そのものの対価として、どれだけの利益が得られたかを厳密に見るとしたら、じつはそれほど儲かっているわけではないだろう。何よりも、奥山さんの考えとして、あくまでも父祖から受け継いだ山の手入れを継続し、その価値を高めることに主眼を置いているということがある。

「農協の貯金がちょっとずつでも増えていくというのは、『よし！』という気持ちにはなります。それと、自分で山をやるというのは、県森連の職員としての仕事に役立つ面もあります。でも、そういう経済的なことや仕事へのプラスということだけではなくて、祖父や父が育ててくれた山を僕の代でほったらかしにして台無しにしてはいけないっていう責任感みたいなものもあるんです」

前述したように、琢之さんに誘われて最初に山に入ったとき、「案外お金にもなった」ことが奥山さんを山仕事に向き合わせるきっかけになった。奥山さんも「最初は経済的なことが先だったと思います」と認める。しかし、奥山さんが本気で山に向かうようになり、のめり込んだのは、祖父や父の山に対する思いの強さを知ったことが大きな要因だった。

父親の琢之さんは現役時代、家畜専門の獣医師をしていたが、若いころから所有林に足繁く通って山づくりに取り組み、林地を買い増して植林するといった投資も行なってきた。

「僕は山が大好きでな、獣医の給料やボーナスを山にどんどんつぎ込んでやったんじゃ。ようけはないけどな。枝打ちもしたし、間伐もした。山いうのはな、匂いがいいなあ。銭金じゃない。山に行ってな、ぷーんと山の木の匂いがするんじゃ。あれを嗅ぐだけでな、ああ、山に来たんじゃいう気持ちがするわな。それがな、山に対する気持ちじゃ。それ以外はねえなあ」

祖父が歌集と祠に込めた思い

そうした琢之さんの山への強い思い入れには、奥山さんにとって祖父にあたる父親の順平さん（明治40年生まれ、昭和60年死去）の影響があった。「おじいさん（順平さん）がようやりよったからなあ」と琢之さんは懐かしむ。

教育者で地元小学校の校長も務めた順平さんは、仕事の傍ら山づくりや農作業にも精を出し、そうした日常のさまざまな場面で湧き出た感興を短歌に綴っていた。「寡黙な人でした」と奥山さんは祖父の印象を語るが、多くを語らない分、身内に出づる思いを歌に託したのだろうか。順平さんがいつも持ち歩いていた帳面には、たくさんの短歌が書き込まれていた。「裏が白い新聞広告を切りそろえて、ご飯粒の糊《のり》で綴じた帳面です。それに万年筆で、ミミズが這うような字がびっしり書いてありました」（奥山さん）。順平さんが亡くなった後に家族が編んだ歌集『尋牛《じんぎゅう》』には、その一部が収められており、それが奥山さんへの強いメッセージとなった（写真３－23）。

「山をやるようになってから、ある日ふと、祖父の歌集をもう一度読んでみようと思ったんです。そうしたら、山のことだとか、子孫への思いみたいなことだとかが詠まれた歌があって、そのひとつひとつが理解できたんです。前に読んだときは何とも思わなかったんですけどね。それがそのときはすごく響いた。たとえば、これなんかがそうです」

子どもの日いちばん好きな山に行き まだ見ぬ孫へ栗の穂を接ぐ

なるほど、ここで言っている「まだ見ぬ孫」とは、まさに奥山さんのことだろう。

「これもそうです」

孫めらの学費の足しになるらむと その日に備へ桐の苗植ゆ

そう奥山さんはいくつかの歌を指し示し、あとで読んでくれと、その歌集を一冊譲ってくれた。いま、それを紐解いてみると、山を詠んだ歌がいくつも見つかる。

木の精の匂いにつられ山行かば 雑茸一つ目に止まらざり

植林は折り目正しくそそり立ち 雑木林の何ぞ気楽な

写真 3-23　歌集『尋牛』奥山順平著。

植林の育ち具合を見がてらに 妻を伴いわらび折りに行く
七年であれだけの矛を山の背に 打ち立てる杉の命たくまし
谷水に缶ビール漬け張り切って 下草を刈る吾のおかしさ
山行かば心なごみて言うことなし わしが心のふるさとなるか
雪に寝し桧を起こし根を踏みて しっかりせえと気合かけやる
お爺さんもう年じゃけん一人では 山に行くなとなんのまだまだ

歌集『尋牛』（奥山順平著）より

もうひとつ、順平さんと山との関わりで奥山さんが感じ入ったことがある。じつは所有林の一角には、順平さんがつくった祠があり、ある日、ご神体の石の裏を見ると、順平さんが自分の名前を釘で彫りつけてあるのが見つかった。

「祖父が勝手に権現様と名付けてつくったものですけど、3代目当主、順平とかなんとか書かれていて、それがちょうど自宅が見えるような方角に、どんと置いてあるわけですよ。粋なことをするじゃねえかよって思いますよね」

「これは、おろそかにはできませんね」

「そう思いました。僕の代で終わらせるわけにはいかない。僕の代でも、できることはやらないといかんと強く思い始めました」

最初は経済的な魅力を感じて始めた山仕事に、そうやって奥山さんはどんどんのめり込んでいった。

「それまでは、自転車とかスノボーとかサーフィンとかの趣味があったんですけど、いっさいやめました。僕、けっこう性格が極端なんですよね。くじけそうにもなるんですけど、やっぱり性根を入れてかからにゃいけんという覚悟が芽生えてるんだと思います」

確かな技術を身に付ける

間伐でも道づくりでも、山の仕事は簡単ではない。奥山さんも大学で林業工学を学び、県森連に就職したといっても、現場の仕事はほとんど初めてと言ってよく、最初のうちは思うようにいかないことばかりだった。「大学で学んだことは、現場を本格的にやろうとすると、やっぱり役に立たないんです」

ただ、県森連職員という立場は、さまざまな研修を運営したり、受講生の面倒をみたりといった機会がふんだんにある。そのことは、奥山さんが知識を身に付ける上で大いに役に立っている。

たとえば、最初に作業道を自力でつけたときは、「作業道開設初級オペレーター研修」で知った技術を実践することによって、そこそこの成果を得ることができた（写真3－24）。伐倒技術についても、林業への新規参入者を対象とした研修を担当することになり、そこで見聞きした方法を実地に試してみた。ただし、やはりそれだけでは不十分で、安全に伐り倒す技術を身に付けるための研修を受講し、基礎から学び直すこともした。

「受け口と追い口のつくり方は知っていたんですけど、いま思えばでたらめでしたね。広島でウッズマンワークショップ（岐阜県郡上市）の水野さん(6)が伐倒技術に関する講師をすると聞いたので、それを受講したりして、ようやく人並みには伐倒できるようになったんです。でも、まだまだですね」

実際、失敗も数多く経験している。たとえば、さまざまな林齢のヒノキが混在する林分では、密度管理に苦労していて、なかなか思うような結果を出せないでいる。

「ここは父も植えた記憶はないというので、自然に生えたヒノキなのかなと思うんですが、枝打ちは父が高さ8mくらいまではしてあるんです。素性の良い木をうまく残せば見栄えの良い山になると思って、弱め

写真3-24　初めて自力で付けた作業道。念入りに転圧して路盤を安定させた。

(6)　NPO法人ウッズマンワークショップ代表の水野雅夫氏。安全な伐倒方法を身に付けるための研修や指導者向けの研修を全国各地で開講している。

の間伐をしたんですけど、なかなか均等な密度にならない。間伐した木が掛かり木になっちゃって、本当は残したかった木まで伐らなければならなくなって、必要以上に空間を空けてしまったこともありました」

経験の浅い知り合いにスギの大木の伐倒を任せたところ、山側に倒すべきところを谷側に倒したために木が傷んでしまい、高樹齢の良材として期待していた木を合板工場向けのB材にしてしまったこともあった。

「あのときは、オレもいい加減な業者と同じなのかと落ち込みましたね」

そんな経験を積み重ねながら、山に通い続ける奥山さんが、いま、力を入れているのが造材と選木のレベルアップだ。

「造材は奥が深いですね。直材が簡単に採れるような木ならいいんですが、木の形はいろいろですから。しかも、そのときそのときで市場から求められるものが違うという難しさもある。思い通りの造材ができて、その木に高い値段がついたときはうれしいですね。選木も大切です。山をどう仕立てていくか。これは答えがなかなかなくて、本当に難しい。でも、せっかく祖父や父が大切にしてきた山ですから、そういうことは、いい加減にはしたくないんです」

「ひとり六次産業化」を目指す

もうひとつ、奥山さんが力を入れていることに、製材がある。と言っても工場を構えるような大掛かりな話ではなく、保有している簡易製材機（ホリゾン）を使い、自分の山で生産した丸太を製材品に挽き、さまざまな用途に利用しようというのである。ゆくゆくは、きちんとした製材品として販売したいという希望も抱いている。「何とかして、もっと付加価値を付けたい。だから、ホリゾンで『ひとり六次産業化』をやってやろうと思うんです」と奥山さんは力を込める。

最近は各地に木質バイオマス発電所ができ、山の木が発電用の燃料として注目されるようになっている。奥山さんの住む真庭市にも大型の発電所ができた。だが、奥山さんは、燃料にするより先に、材料として木を利用することを優先すべきだと考えている。発電需要に振り回されずに木を生かしたい。製材を始めたのは、そういう気持ちにも基づいている。

つくった製材品は、一般流通市場に流すのではなく、自宅を建ててくれた大工に使ってもらうつもりだ。誰が使うかわからない流通材として売るのなら、寸法をはじめとして一般に通用する規格に合わせる必要がある。しかし、互いの顔が見える関係での取引なら、在庫しているさまざまな製材品から、必要なものを選んでもらえばいい。あらかじめ必要な寸法を聞き出し、それに合わせた挽き方をすることもできる。最終的な使い方がわかり、寸法調整や刻みがお手の物の大工がパートナーになってくれるのは、そういう点で心強い。

製材の技術が上がれば、山の木を見る目もまた違ってくるだろう。市場に出荷する丸太の品質を、より高める効果も期待できる。奥山さんの自伐林業は、これからも進化し続けるに違いない。

「晩生の木」を育て続ける　◉栗屋克範さん（熊本県山都町）

秘境中の秘境

熊本県山都町の指導林家(7)、栗屋克範さん（昭和27年生まれ）の話を聞いていると、木を育てることが本当に好きなんだな、と感じる（写真３－25）。栗屋さんが育てている木に対して、こちらも愛おしさがわきおこってくるような心持ちになる。

山都町は、熊本市からほぼ真東に40㎞ほどのところにある。市内中心部から車を１時間ほど走らせて、広大な阿蘇の山裾の一隅を占める高森町に至り、そこから曲がりくねった急坂をトンネルをくぐりながら登りきると、そこが山都町である。トンネルの数は10本。

(7) 指導林家：模範的な施業技術を有するとして都道府県知事が認定した林家。

写真 3-25　栗屋克範さん。

最後の10本目のトンネルは長さが５００ｍほどあるものの、それ以外はどれも短く、急峻で複雑な地形を無理やり貫いてこの道がつくられたことが、まざまざと感じられる。

栗屋さんによれば、このルートが開設されたのは20年ほど前のことで、それまで使われていた道は「九十九《くじゅうく》曲がり」と呼ばれるほどの悪路だったそうだ。さらに遡れば、高森から当地まで車が通れる峠道が整備されたのは、昭和の始めころだったという。「かつては、ここは秘境中の秘境ですからな」と栗屋さんは笑う。

年輪を重ねる音が聞こえる

その秘境で、栗屋さんは1ha少しの田んぼと、1haのクリ畑、シイタケ栽培などで農業を営む傍ら、40haの自家山林で磨き上げるように木を育て続けている。足繁く山に通い、まさに「撫育」という言葉が当てはまる態度で山づくりにいそしんでいる。枝打ちや間伐を入念に行なうのは当然のことであり、1本1本の木の状態を見定めて、適切な時期に適切な施業を行なう。

「やっぱり刻々と変化しますからな」と、栗屋さんは木々の変化を見るのが楽しくてしかたがないといった体で、うれしそうに話す。

山に通い続けていると、前には気付かなかったことがわかるようにもなる。山づくりに丹精を込めるうちに、人間のほうも成長して、同じ山、同じ木であっても違う見方ができるようになるのである。「同じ山を何度も見ながらですよ、ああ、なるほど、と思うことがある。それがわからんうちは、自分が変わっとらんということですな」

写真 3-26 所有林に足繁く通い、小さな変化も見逃さずに木を大切に育てる。そうして山に向き合っていると、「木が年輪を重ねる音が聞こえる」ようになるのだと栗屋さんは笑う。

そうやって山に向き合っている栗屋さんは、「木が年輪を重ねる音が聞こえるごたるもんな」と笑う（写真３‐26）。「ちゃんと手をかければ、年輪は怠らんから。人間は怠るけどなあ」。だが、手をかけない山では、そうはいかない。「そりゃあ、間伐遅れの山は、年輪の音は聞こえませんたい。止まってしまう」

最近は木材価格が下落していて、質の良い木でも以前のような高値で取引されるわけではない。そのため、山に手をかけてもしかたないという風潮がはびこっている。しかし、栗屋さんは「しっかり手入れして育てた木は、やはり違う。市場でも椪積《はえづ》み(8)されずに、１玉ごとに吟味してもらえる。そういう評価があるんだから、やはり手入れしたほうがいい」と反論する。実際、私が取材に訪れた平成24年はヒノキ丸太の下落が著しかった年だが、そのときにも、栗屋さんの山から出材された４ｍ×末口36㎝のヒノキ枝打ち材には５万５０００円／㎥の値がついた(9)。「やっぱり無駄じゃない」と栗屋さんは強調する。

高樹齢品種を主役に３００年生の山へ

念入りに手をかけて木を育てる栗屋さん。その施業の基本方針は「非皆伐」である。１００年生はおろか、３００年生、あるいはさらにその上さえも見通そうかというくらい、長い年月を思い描いて長伐期林業に取り組んでいる。

じつは栗屋さんの所有林では、戦時中に当時１００年生くらいだった木を供出させられてしまったため、今はやっと１００年生くらいに育った木が一部あるだけで、高樹齢の木がそう多くあるわけではない。山づくりは、まだこれからなのである。

「60年生くらいじゃ、まだまだ。幼稚園児みたいなものですよ。それに、せっかくそれくらいまで育った木を全部伐ってしまったら、一から出直しじゃないですか。60年生から先の10年、20年は収穫量が全然違う。１００年生を超えるような木になれば、ほかの木とは質もまったく違います。それを知らない人は、とりあえずお金がほしいからと、全部伐ってしまいますが、そんなもったいないことはない」

(8) 椪積み：市場で、大きさや質が似通った何本かの丸太をまとめて陳列すること。

(9) 農林水産省「木材需給報告書」によると、平成24年のヒノキ中丸太（末口14～22㎝）全国平均価格は1万8500円／㎥で、前年の2万1700円／㎥から3200円／㎥値下がりした。

その栗屋さんの山づくりの主役が、スギなら「メアサ」、ヒノキなら「ナンゴウヒ」という、高樹齢になっても成長し続けることで知られる品種だ。

メアサは若齢のうちは「くにゃくにゃと曲がる」（栗屋さん）ように育つが、100年生を超えるくらいから、幹にみっしりと肉がつくように太り出して、まっすぐな姿になり、300年あるいはそれ以上の時を数えても成長し続ける（写真3－27）。

ナンゴウヒは根元からまっすぐな、ヒノキには珍しい挿し木品種だが、若齢時の成長は鈍く、天に突き上げるような上向きの枝がびっしりついて、枝打ちもしづらい。良材に育てるには非常に手間がかかる。しかし、これも100年を軽く超えて成長し続け、長伐期林業を目指す林家の期待に応えてくれる。

このふたつの「晩生の木」（栗屋さん）と、シャカイン（スギ）などの比較的短い伐期に適した品種を混植し、抜き伐りで質の高い木を生産しながら、最終的には300年生あるいはそれ以上の大径木を「1反（300坪）に3、4本」という状態に仕立てようというのが、栗屋さんの林業経営の基本スタンスである。「代を越して木を育てて、300年生くらいの立派な山にするのが目標です。最後は1反に3本くらいになりますかな。家庭が円満で、戦争もなく、平和でなければ木を育てられません」と栗屋さんは力を込める。

写真3-27　メアサスギは若齢のうちは曲がりが激しい。しかし、100年生を超えるころから、みっしりと太り出し、まっすぐな良材に育つという「晩生の木」だ。

好かんことは好かん

栗屋さんを訪ねると、いつも奥さんの智子さんが心づくしの茶菓でもてなしてくれる。前夜に仕込んでくれたという桜の花の塩漬けをあしらったゼリーやら、栗の渋皮煮やら、自家製の漬物やらが、どれも味わい深い。二度目に訪ねたときには、前回その複雑な味わいに驚嘆したシソの千枚漬も盛られていて、うれしくなった。「前においしいって言ってくださったから」という心遣いに、気持ちが温かくほぐれていく。ほんのり薄緑色をしたお茶は、すっきりと香りが高い。

菓子も漬物も茶も、素材は自家で育てたものばかりだ。それらが載せられた盆からは、山間地域の自立した暮らしの確かさと豊かさがあふれている（写真3－28）。

「農林業をきちんとやっていれば、独立した暮らしを営むことができますもんな。誰にも雇われずに、好かんことは好かんと言う。私の根底には、それがあります」。そう言って栗屋さんは笑う。

そう言えば、プロローグで紹介した赤堀家の当主・完治さんも同じようなことを話していた。いま、ふたたび、ここに記すと、「（前略）そういう自給自足の生活ができる基盤がね、ここで林業をやっている限りは保証されているという思いがね、あるんです。でね、誰も文句は言わんでしょ。そういう意味では、文句を言われん仕事があるからね、うれしいなと思ってね、そういうことですわ」と、栗屋さんが「根底にある」とする考え方と驚くほど似通っている。

もうひとつ、思い出されるのは、しばらく前のことだが、親しくしている森林組合長が「最近は山村も雇われ人ばかりが増えていて、自分で山を経営する人が本当に減っている。組合の理事はサラリーマンやいわゆる有識者が増えていて、その人たちが物事を決めていくようになっているのだが、会議をしてもチンプンカンプンな話になることが多い」と嘆くのを聞いたことがある。

その組合長は自家の山林を育て、自分で木を伐り出して収入を得、時に応じて単発のさまざまな仕事もしながら生計を立ててきた。「フリーターみたいなものですわ」と言うが、要するに自営を貫いてきた。

われわれは農林家の経営形態を専業だ、兼業だと分類したがるが、当人たちは山林や田畑を基盤にしながら、不足分をほかで補って、力いっぱい生きているに過ぎな

写真3-28　奥さんの智子さんが用意してくれた茶菓。山里の暮らしの確かさと豊かさが匂い立つように伝わってくる。

い。山間地域に居を構え、そこで与えられた条件のもとで、自らの才覚や体力を生かして暮らしを立ち行かせている自立した生活者なのである。「自伐林家」という生き方とは、まさにそういうことであり、栗屋さんや赤堀完治さんの言葉が、その気概の何たるかをよく表わしている。

第4章

木の価値を高める
木材マーケティング

1 製材品はなぜ売れないのか

加工・流通業界の役割が重要

ここまで第1章では、林業を元気にするためには無垢の製材品の需要を伸ばす必要があることを指摘した上で、これからは板材や小割材が売れ筋になるとの予想のもとに、安定した品質の丸太の市場性が高まると見通し、そのようなマーケットを意識した山づくりのあり方を論じた。第2章では、木の価値を高める育林技術や森林経営、丸太の価値を高める造材技術について考えた。第3章では、「自伐林家」と呼ばれる人たちの林業経営の実相に迫った。

いずれも林業サイドの取り組みを見てきたわけだが、川上の林業生産段階までは木の価値を高める戦略は完結しない。木材は、山で立っている木が伐採されて丸太になり、それが製材品や合板などの木製品になり、家や家具、木工品などの最終プロダクトになり——と、何段階もの加工・流通を経て、ようやく消費者にもたらされるからである。

これが農業や漁業なら話は違い、野菜や魚といった一次産品をそのまま消費者に販売することができ、田んぼや畑、養殖漁場でのモノづくりが商品としての最終価値につながる。なぜなら、それは野菜や魚の加工を各家庭に委ねることができるからである。どの家庭にも、まな板と包丁があり、買ってきた野菜を切ったり刻んだりということを当たり前にやっている。だから、最近各地で増えている農産物直売所のような取り組みが成立する。魚も腸をとって3枚におろすくらいのことはやってのける人がいくらでもいるから、獲った魚を消費者にそのまま売る商売が成り立つ。

ところが木材はそういかない。たとえば林業体験のイベントで、伐り倒した間伐材を自由に持ち帰っていいことにしても、丸太を好きなように加工できる人は滅多にいないから、手を出す人はほとんどいないだろう。第一、大きくて重たい丸太は、持ち帰るだけでも大変である。野菜の収穫体験や地引網体験とは、わけが違う。結局、ユーザーとの仲立ちを加工・流通の担い手に委ねざるを得なくなるのである。

では、木の価値を高めるためには、木材の加工・流通段階で、どのような取り組みが必要なのか。本章では、国産材のより良い利用を進めるための木材マーケティングのあり方を考える。

良質材の価格は大幅に下落

第1章では、林業の採算を改善させ、林家の経営意欲を高めるためには、安定した品質の丸太を有利販売できるようにすることが求められ、そのためには、無垢の製材品の利用を促進することが必要だと指摘した。

ところが、国産材の需要動向を見ると、合板や集成材、木質バイオマス発電といった丸太の品質がそれほど問われない分野ばかりで需要が伸びる傾向にあり、製材品の需要は頭打ちになっている。(1) 特に、林家が手塩にかけて育てた質の高い丸太からつくられる良質な製材品は、売れ行きが極端に悪化しており、その結果、良質な丸太の価格が大幅に下落した。そのことが、ここまで見てきたような山づくりや林家の営みを難しくさせる大きな要因になっている。

表4－1は、国産材の中でも最高級に位置付けられる奈良県・吉野産のスギ・ヒノキ丸太の価格が、どのように推移してきたかを示したものである。まず、参考に示した全国平均価格と比較してみてほしい。吉野材丸太が、一般的な品質の丸太に比べて、かなりの高値で取引されてきたことがわかる。全国平均価格のほうは「並材」と呼ばれる一般的な品質の丸太が調査対象になっているので、計算のもとになった各地域の丸太価格は、ここに示されたものと大差ない水準だろうと想像がつく。一方、吉野材のほうは、市場で取り

(1) 製材用に振り向けられる国産材丸太の需要量は、最近3年間（平成25～27年）、1200万㎥台で推移している（第1章34ページ、表1－1参照）。ただし、この中には、集成材ラミナ製造用の丸太も含まれ、近年、国産材集成材の製造量が増加していることを踏まえると、その分、無垢の製材品の需要は減少しているものと推測される。

扱ったピンからキリまでの平均価格であり、ピンの価格はこの程度にはとても収まらない。つまり、双方の価格差は、ここに示された数値以上に開きがあると思っていい。

だが、その吉野材にしても、住宅需要が爆発的に増加して木材が飛ぶように売れた高度経済成長期から昭和50年代半ば、さらにはバブル経済といった右肩上がりの時代が平成時代初めに終わりを告げると、以降は大幅な値下がりを余儀なくされていった。これは智頭や尾鷲といった他の優良材産地でも同様であった。

建築工法の変化が原因

良質な製材品の需要が減退したのは、木造住宅の建築手法が大きく変化したことの影響が大きい。具体的には、和室の減少、真壁工法から大壁工法[2]への変化、プレカット加工の普及という3つの要因が挙げられる。

吉野材でも尾鷲材でも、良質な製材品の主要な用途は、真壁工法で現わしになる柱や、鴨居や敷居、長押といった和室の造作材である。いずれも節がなく、あるいは、あってもなるべく少なく、木目が美しい材料が求められる（写真4－1）。そのような製材品を製造するには、間伐や枝打ちを適切に施し、念入りに育てられた良質な木から生産される丸太（あるいは、天然秋田杉や木曽檜のような高樹齢の天然林材）が原料として供される（写真4－2）。木目の美しい製材品は高値で取引され、その原料となる丸太も高額での仕入れが行なわれて

表4-1　吉野木材協同組合連合会の丸太平均価格と取扱数量の推移

（単位：円／㎥）

年次	昭和48年(1973)	昭和55年(1980)	平成2年(1990)	平成12年(2000)	平成17年(2005)	平成26年(2014)
スギ	43,208	78,294	63,071	37,224	30,361	27,858
ヒノキ	115,170	169,904	154,598	63,198	53,867	40,616

※参考：スギ・ヒノキ中丸太の全国平均価格（農林水産省「木材価格」）

（単位：円／㎥）

年次	昭和48年(1973)	昭和55年(1980)	平成2年(1990)	平成12年(2000)	平成17年(2005)	平成26年(2014)
スギ	27,900	38,700	26,000	17,200	12,400	13,500
ヒノキ	54,500	76,400	67,800	40,200	25,200	20,000

■各年次の位置づけ

昭和48年：新設住宅着工戸数（190万戸）、木材需要（1億2000万㎥）とも過去最高の年。

昭和55年：木材価格ピークの年。

平成2年：バブル経済最末期。新設住宅着工戸数は170万戸。

平成12年：住宅品質確保促進法が施行。

平成17年：このころから国内合板メーカーが国産材利用に着手。

(2)「真壁工法」とは、柱が壁に隠れず、現わしになっている工法。反対に「大壁工法」とは、

きた。

ところが、昭和の終わりから平成時代の初めにかけて、具体的にはバブル経済末期のころから、住宅の建築工法が大きく変化し、それに伴って、木材の使われ方も大幅に様変わりした。

まず、和風から洋風へというライフスタイルの変化が顕著になり、その結果、和室が極端に減少した。家を建てる際に、居室や客間には板の間が当たり前に選択されるようになり、和室がひとつもない家も多く見られるようになった。壁の仕上げは、施工に手間のかかる土塗り壁が減ってクロス貼りが多く採用されるようになり、壁の中に柱が隠れる大壁工法で建てられる家が増加した。こうした変化によって、和室の造作材や見栄えのする美しい木目の柱の需要が減退してしまったのである。

プレカット加工とローコスト住宅

さらにプレカット加工の普及は、無垢材全般のマーケットを大幅に狭めることになった。大工がそれぞれの木の癖や個性を見極めながら手作業で継手《つぎて》や仕口《しくち》(3)を加工するのと異なり、高速で精密な加工を施す全自動プレカット機械の場合は、個々の木の特徴に対応するのは難しく、寸法安定性の高い材料が求められる。そのため、プレカットが普及するのに合わせて、柱や梁桁、土台といった構造材に集成材が採用されるケースが大幅に増加したのである（写真４－３）。

そして、こうした風潮に、いわゆるローコスト住宅の台頭が拍車をかけることになった。施工に手間とコスト

写真 4-1　スギの無節材で造作がしつらえられた和室。

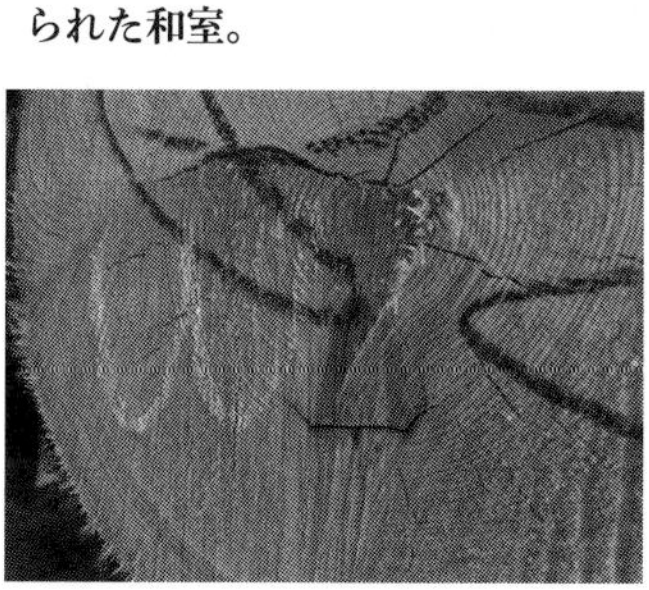

写真 4-2　吉野檜の丸太。枝打ち痕がはっきりわかる。

柱が壁の中に隠れて見えない工法。

(3)　継手・仕口とは、木材に加工を施して接合する伝統的な技法、またはその接合部のこと。「継手」は材を縦方向に延長する接合、「仕口」は材を交差方向に組み合わせる接合を指す。

写真4-3　プレカット加工されるヨーロッパ産レッドウッド（オウシュウアカマツ）製の集成平角（梁材）。プレカットの普及に伴い、構造材に集成材が採用されるケースが激増した。

写真4-4　窓周りの枠材に使われたラッピング材。木粉を固めた基材の上に木目を印刷したシートが貼られている。

写真4-5　建具周りの枠材に使われたフリー板。

がかかる和室はいよいよ敬遠されるようになり、畳敷きにしたとしても、造作を省略し、柱を露出させない大壁の和室が当たり前につくられるようになった。ドアや引き戸、窓といった建具周りの枠材は、良質な無垢材の代表的な用途だが、高価な材料は敬遠され、木目柄のシートを表面に貼った「ラッピング」と呼ばれる建材が多用されるようになった（写真4－4）。ラッピングではなく、木材が採用されたとしても、無垢材ではなく、薄い板を貼り合わせた「フリー板」と呼ばれる集成板が選ばれるケースが増えている（写真4－5）。

このように、最近30年ほどで、建築工法の変化や住宅市場の構造変化が進み、その結果、無垢の製材品の需要が大幅に減少した。丸太、製品を問わずに良質な木材の価格は下落し、林業経営をめぐる環境は悪化し続けている。この状態から、いかに脱却するか。以下で方策を考えていく。

②　ユーザーアクセスのあり方を考える

太くて良質な間伐材もある

良質な製材品のマーケットを拡大する上で重要なのは、品質本位で評価され、使ってもらえる環境を整えることである。

現状では、国産材の利用を働きかける際のアピールとしては、間伐材利用の意義であるとか、それによる森林整備への貢献といったことばかりが強調されている。では、そもそも「間伐材」とは何か。一般ユーザーなら、木を育てる過程で間引かれる、細くて質の劣った木だとのイメージを抱く人が多いだろう。だが、現実の間伐材には、細いものだけでなく、太いものもあるし、品質面で言えば、良いものも悪いものもある。

15年生や20年生程度の山で行なわれる間伐なら、全体にまだ木が細いし、いわゆる劣勢木が間伐対象になるケースが多いから、一般的なイメージに近い間伐材が出てくることになるだろう。だが、現在行なわれている間伐は、40年生や50年生、あるいはそれ以上の大きく育った林分での施業が多くなっている。しかも、伐採されるのは劣勢木に限らないから、市場に出てくる間伐材には良いものも悪いものも含まれる（写真4－6）。もっと言えば、現在の林業生産現場では、間伐補助金を利用するケースが多いわけだから、流通している国産材の多くは間伐材なのだと思ってほぼ間違いない（南九州のように皆伐主体の施業方法に移行している地域もある）。だから、製材品や合板などの建築材料に間伐材は

写真4-6　原木市場に集められたスギ丸太。太い材も細い材もあるが、すべて間伐補助金を利用して生産された「間伐材」だ。

当たり前に使われているし、じつはたくさんの木造住宅が間伐材で建てられていることになる。

つまり「間伐材」とは、単に抜き伐りによって生産された木材のことだというのが実態で、間伐材だから質が劣るということはない。このあたり、ユーザーのイメージとは、かなりの隔たりがある。

そろそろ「間伐材」から卒業したい

「森林整備への貢献」を、ことさらにアピールするのもどうか。間伐材を使ってもらえば林業サイドのメリットにはなるわけだが、では、ユーザーのメリットは何か。間伐材には良いものも悪いものも含まれるわけだから、間伐材を使った場合の実用的なメリットを説明するのは難しい。もちろん、森林整備が進み、環境が保全されることは、すべての生活者の利益にはなる。そのような環境面からの評価も重要な要素ではあるが、本来、商品の選択は、その物自体の良し悪しに基づいて行なわれるのが普通だろう。良いものなら喜ばれるし、悪いものなら不興を買う。食べ物なら、いくら健康に良いからと勧められても、おいしくなければ手が伸びない。当たり前のことである。

もちろん、森林整備に貢献したい、あるいは林業経営を応援したいと思って国産の木材を選んでもらえるのは喜ばしいことである。だが、それだけではなく、品質本位で国産材が選ばれるような環境を整えないと、本当の需要を得ることはできない。その意味では、その木がどんな木なのかを表わさない「間伐材」というコピーを多用することから、林業界はそろそろ卒業しなければいけない。

③ 木材のスタンダードを機能させる

「好みの木材」を探し出すのが難しい

国産材を選ばれやすい商材にする。そのためには、ユーザーが国産材の取引にアクセスしやすい条件を整えなければならない。特に、第1章で見たように、林業にとっては製材品のマーケットが重要なわけであるから、国産材の製材品について、そうした条件が整っている必要がある。だが、残念ながら、現状はそうはなっていない。

これは実際にあった話だが、ある木材関係の団体に建築関係者から「どんな寸法の材がどこで入手できるかを知りたい」という問い合わせが寄せられたことがあった。

製材品の寸法はさまざまである。柱や梁といった構造材なら、ある程度標準的な寸法があり、それが全国的に通用するわけだが、板割りや小割りの類になると地域性がかなりあり、さまざまな寸法の材が流通している。仕上げ材料なら注文次第という面もあって、要するに、どんな寸法の材がどこで入手できるかという情報を得るのは、じつはかなり難しいという実態がある。もちろん、個別の業者や産地ごとには、ホームページやパンフレットなどにそれぞれの特徴が出ているわけだが、「この寸法なら、どこそこの産地」というようにピンポイントでアクセスするのは簡単ではない。

材面品質に関することも同様で、「節はこの程度、埋め木[4]があったとしてもこれくらい」といった条件でほしい材を探そうとしても、具体的な心当たりがあるならともかく、希望にかなう産地や業者に行きつくまでに、かなりの曲折を経ることになってしまう。

(4)　板材の死に節や抜け節を除去し、枝を輪切りにした材料を埋め込んで補修すること。

こうした情報というのは、物の売買や移動をスムーズにするためのツールとして、あればとても重宝する。つまり、流通の駆動力のようなもので、このようなソフト面の機能が小気味よく働くようなら、ユーザーもそれを利用して満足のいく買い物ができる。インターネットを活用した通信販売は、その好例と言えるだろう。

品質の指標があいまいでわかりづらい

このように考えてくると、国産材のマーケットにいま欠けているのは、どこにどんな材があるのかという カタログ的な情報と、それらを有効に活用するための検索機能であることがわかる。そして、どこにどんな材があるのかという情報を整備し、それを有効に活用できるようにするためには、木材の品質に関するスタンダード（基準あるいは規格）を機能させる必要がある。

たとえば、あるメーカーが自社でどんな材をどのくらいの価格で提供できるかという情報を、自社のパンフレットやホームページに載せようとしたとする。その際、「どんな材」であるかを説明するのに、個別の材料について、その特徴を細かく説明しなければならないとしたらどうなるか。自然素材である木材は1本1本異なるから、それぞれについて事細かな説明が必要になってしまう。あるいは写真を載せる場合でも、すべての材の写真を載せていたら、データが膨大になってしまう。

そこで、ある指標に基づくスタンダードの出番となる。たとえば、製材品なら「一等」「特一等」「上小節」「無節」といったグレードに応じて価格を設定し、それを載せればいい。これなら在庫品だけでなく、これから製造する品物についても適用できる。

ところが、現在の国産材業界では、そうした等級の基準があいまいで、樹種ごと、産地ごと、さらにはメーカーごとに異なっているのが実情である。そのため、買い手としては、あるメーカーの「上小節」がいくらだと言われても、その「上小節」がどういう材なのかを確認しなければ、自分の希望に合う材なのかどうかがわからず、それが高いのか安いのかの判断もしづらい。買い手側が材を探す場合も、「上小節がほしい」というだけでは不十分で、どんな材がほしいのか、具体的な特徴を伝えなければならなくなってしまう。

まったく不都合な話で、これでは、どこにどんな材があるのかという情報を、実用的な水準で整備することはできないし、目当ての材を探すための検索機能を付与することもできない。本来なら、製材品のＪＡＳ規格（日本農林規格）がその役割を担わなければならないはずなのだが、じつは製材品に関しては、ＪＡＳがほとんど機能していないという問題がある。国内には約５０００の製材工場があるが、ＪＡＳ認定工場になっているのは、そのうちの５００工場ほどに過ぎない。残念ながら、現状ではＪＡＳはその役割を担える状況にはない（写真４－７）。

木を使いやすくしてユーザーを拡大する

では、どうやって日常の取引が成立しているかというと、それは個々のメーカーの特徴や買い手のニーズをお互いがある程度把握した中でのプロ同士の取引として、売り買いが行なわれているのである。おそらく、多くの関係者が「それでいいじゃないか」と思っているのではないか。

第１章でも指摘したが、今後の消費税率アップ、少子化、すでに世帯数を大幅に上回る住宅が存在していることなどを考えると、将来的に新築住宅の需要が大幅に減少することは避けられない。これまでは木材需要のかなりの部分が、新築住宅を受け皿にしてきたが、それに期待できないとなると、これからはリフォームや商業建築、公共建築など、新築住宅以外の需要を伸ばしていく必要がある。そのためには、それらの分野で活躍している建築業者や設計士、デザイナーにとって木材が使いやすくな

写真 4-7　JAS マークが添付されたヒノキ土台。JAS 製材品の流通量はごくわずかで、市場や建築現場でも見かけることは少ない。

る、あるいは選びやすい素材になるための環境を整備しなければならない。木材は、丸太や製材品の段階ではいくら質が良くてもまだ原材料であり、その後の利用の仕方次第で良くも悪くもなってしまう。木の良さを生かした利用を進めるためにも、設計士やデザイナーといったユーザーが木材を使いやすい環境を整えることが重要になる。

ところが、現在のように、木材や業界慣行を熟知したプロしか思うような取引ができないというのでは、新たなユーザー層を取り込み、それによって需要の裾野を広げようとしても、うまく行かないのではないか。せっかく「木を使いたい」と思ってくれたとしても、希望する材がどこで手に入るかわからない、あるいは、あるかどうかさえ見当がつかない、等級を指定して注文したのに、イメージとは違ったものが届いた――ということでは、ユーザーから敬遠されてしまう。「木材は使いづらい」あるいは「木材は難しい」というイメージを払拭し、マーケットを拡大するためにも、スタンダードが機能するような環境を整えることが重要なのである。

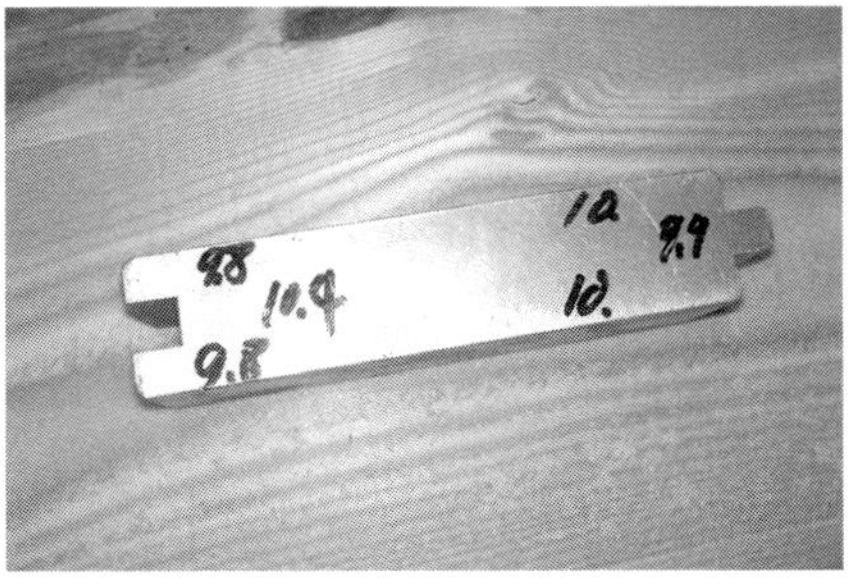

写真4-8 製品の仕上がりをチェックするための金型。出来上がった製品に当てることにより、寸法や形状が規格に適合しているかどうか、モルダーの刃が適切な状態に保たれているかどうかを確かめることができる。

独自の統一規格で「選ばれる」製材品に

この点で参考になるのは、徳島県の那賀川すぎ共販協同組合の取り組みである。地元の製材業者7社で構成しているこの組合は、柱の間に落とし込む壁材や床材に利用する「SBボード」というスギの製材品を開発し、実《さね》の形状を組合内で統一することによって、会員各社が同じ品質・規格の製品を生産出荷できるようにしている。そのための品質管理も綿密に行なわれていて、各工場にはモルダー（自動四面鉋盤）の刃の状態をチェックするための金型が備えられ、定期的にチェックすることにより、実の形状が常に同じになるように刃の状態が保たれている（写真4－8）。

このような体制を整えておけば、大量の注文にも協力して対応できるし、急な発注を受けて自社で対応できないような場合でも、他の会員に頼んで間に合わせてもらうことができる。注文にきちんと対応できるということは、顧客の信頼を得ることにつながり、リピートにも期待できる。つまり、この組合では、製品スタンダードを統一することによって、「選ばれる理由」をつくっているのである。

前述したように、唯一の公的かつ全国共通のスタンダードであるＪＡＳは、製材品に関しては現状ではほとんど機能していない。これには、ＪＡＳの利用に多大なコストがかかることや、規格の内容に実情にそぐわない部分があることなどの課題（次のコラム参照）があるのだが、残念ながら、そうした課題を克服しようという機運も乏しい。どうすればＪＡＳの普及が図れるのか、あるいはＪＡＳに期待できないのなら、那賀川すぎ共販協同組合がやっているような何か別の仕組みを導入できる可能性はないのか。そうした議論を早急に始めるべきだと提言したい。

コラム

製材ＪＡＳの課題

本文中で触れたように、国内の製材工場でＪＡＳ認定工場は全体の1割程度にとどまり、しかも、認定を取得している工場の中でも、ＪＡＳ製材品を常時出荷しているのは、ごく一部の工場に限られている。そのため、ＪＡＳ製材品の流通量はわずかしかなく、建築現場や木材製品市場でも、ＪＡＳマークが付いた製材品を見ることは少ない。

このように製材品のＪＡＳが活用されていないのには、ＪＡＳ製品の使用が建築基準法で義務付けられているわけではないこと、ＪＡＳ認定の維持費用が認定1品目当たり年間で100万円程度と高額で、経営規模の小さな工場の場合は、認定の取得をためらう傾向が強いことなどの背景がある。

規格の内容については、天然乾燥材の含水率基準が「30％以下」とされていて、使用上、要求される水準とは言えないことや、家具用材やインテリア材料として針葉樹製材を使用することを想定した規格がないことなどの課題がある。

特に木材の使用に当たって、もっとも重視される乾燥の規格については、私見だが、そもそも天然乾燥材と人工乾燥材を別々の規格にする必要はなく、乾燥方法は問わずに製品出荷時の含水率を適切に測定して表示するシステムにすればいいのではないかと考えている。この方式なら、認定の取得に際しても、含水率の測定能力が備わっているかどうかを審査すれば済み、現在のように乾燥処理を適切に行なえるかどうかまでを審査する必要はなくなる。

昨今、さまざまな乾燥方法が開発され、利用されているが、新たな方法の場合は、その方法自体の適切性までが審査対象になってしまうため、ただでさえＪＡＳ取得のための書類作成が負担になっているという声があるのに、事務負担がさらに大きくなる恐れがある。そうしたこともＪＡＳの普及を妨げていると思われ、改善策を検討する必要がある。

なお、合板や集成材といった接着剤を使用する木質建材の場合は、接着の程度など各種の性能が担保されていることが重視されているため、品質保証の意味合いからＪＡＳが積極的に活用され、流通している製品のほとんどがＪＡＳ製品となっている。

材木屋を頼りにする

ただし、もちろん自然素材である木材は、規格や基準ですべての品質を管理できるわけではない。

たとえば、製材ＪＡＳでは「上小節」の節の程度を「長径１㎜（生き節以外の節にあっては５㎜）以下であって、かつ、材長が２ｍ未満のものにあっては３個以内、材長が２ｍ以上のものにあっては４個（木口の長辺が２１０㎜以上のものにあっては６個）以内であること」と定めているが、節の場所や配置は規定していないし、そもそも節自体が同じものはひとつとしてなく、形状や色合いがすべて異なる。つまり、ＪＡＳ

の上小節に該当する製材品は無限にある。

そのことを認識せずに、規格は万能だと思って製品選びをすると、届いた製品は確かに上小節なのに「自分のイメージとはちょっと違う」というような失敗をすることになりかねない。スタンダードは、あくまでも製品選びをしやすくするための手がかりである。最終的な品質チェックは、製品を直に見て確かめることが望ましいし、それが難しいなら、信頼できる業者に製品選びを任せるという手もある。

その点で私は、問屋や小売店（材木店のこと）といった、いわゆる「材木屋」の役割は重要だと考えている。木材に精通した彼らが製品選びの相談に乗ってくれ、力になってくれれば、これほど心強いことはない（写真４－９）。こちらの要望に対して、「ああ、それなら、あのメーカーの上小節がいい」というように、適切なアドバイスをしてくれれば、満足のいく仕入れができるだろう。同じような相談をメーカーに直接持ち掛けるのも悪くはないが、親身に対応してくれたとしても、そのメーカーの品ぞろえの範囲内での選択になることは覚悟しなければならない。その点、いくつもの取引先がある流通業者を頼れば、幅広い選択が可能になる。

じつは以前、あるところで製材のスタンダードを機能させることの必要性について書いたところ、ある木材業者から「材木屋の仕事をなくす気か」と詰め寄られたことがある。ユーザーがスタンダードを手掛かりにメーカーと直接取引するようになれば、材木屋としては商売あがったりだというわけだ。

だが、実際には、いま書いたようにスタンダードは万能ではなく、流通業者の出番はいくらでもある。むしろ、より良い製品選びに協力できる立場であることをアピールして、良質な製材品のマーケット拡大に一役買ってほしいと思う。

写真 4-9　仕入れた木材を品質に応じて念入りに仕分ける材木店店主。必要に応じて再加工や寸法調整も行ない、顧客のニーズに合った製品に仕立てて販売する。

その点で言わせてもらうと、材木屋という存在は、一般ユーザーの立場からすれば、どうしても敷居が高い印象がある。おそらく、これまであまり木を使ったことのない設計士やデザイナーにとっても同じだろう。自分たちの商売を活気づけるためにも、材木屋には、もっと身近で開かれた存在になるように心掛けてほしい。

④ 良質な無垢材利用へのインセンティブを高める

補助の条件は木を現わしで使うこと

現在、多くの自治体が地元産の木材利用を促すための助成措置を講じている。その多くは、地元産の木材を利用した木造住宅を建てれば、建設費のいくらかを補助するという内容になっている。地域で生産された木材が使われれば、地域の林業が潤い、森林を整備することにもつながるというのが、その理由付けなのだが、ここまで見てきたように、林業を本当に元気にしようと思えば、ただ単に木材が使われれば、それでいいということにはならない。こうした利用促進策を講じるなら、いっそのこと、もっと踏み込んだ措置を考えてほしい。

そこで注目したいのが、愛媛県久万《くま》高原《こうげん》町の木造住宅建設支援事業である。基本的な枠組みは、町内産木材を使った住宅建設を補助するというもので、他の自治体の制度と同様である。この種の補助金には利用するための条件があり、多くのケースで共通しているのが地元産の木材の利用量に関する規定であり、同町の補助金にも「久万材（町内で伐採し、町内の製材工場で加工された木材）を主要部材の80％以上に使用すること」という条件がある。ちなみに同町の補助金額は「1㎡当たり1万円で、上限100万円」と、かなり手厚い。だが、ここで紹介したいのは、補助額のことではない。

同町の場合は、前出の量に関する規定のほかに、別の条件も設定されており、「柱が見える部屋を1室以上または小屋裏が見える部分を設置すること」と定められている。つまり、最低でもひと部屋は真壁で柱を現わしにするか、小屋の梁組みが見えるようにしなければ、補助金を利用できない仕組みになっているのである。

考えてみればこれは当然で、久万高原町といえば綿密な枝打ちと密度管理で優良材を育て上げる産地として、つとに知られる。それなのに地元材が使われているとはいえ、木がまったく見えない住宅に補助を出していいわけがない。地域で大切に育てられた木の良さが実感できる住宅の建設をこそ促進したいというのは、当然のことである。

現わしで使われる木材となれば、無節や上小節といった見栄えの良い木材が選ばれるケースが当然多くなる。もちろん、その分、高価にはなるが、だからこそ補助が有効になる。そして林業サイドにとっても、一番売りたい商品の利用が促進されるのであるから、確実にメリットがある。このように林業にはっきりプラスになるような施策が、もっと増えてほしいものだ。

良質な建物を適切に評価する

良質な木材の利用を進めるための方策として、中古住宅に対する評価を適正化することも有効である。

現在の不動産市場では、戸建て住宅の場合、新築してから20年も経つと、ほとんどの建物は不動産としての価値がなくなってしまい、売買価格は主に土地評価だけをベースに算定される。そのため、建ててから20年あるいは30年ほどが過ぎ、子どもが

写真4-10　建て替えのために解体される木造住宅。建物に対する不動産評価が低いため、まだ十分住める状態なのに取り壊される住宅も多い。

巣立って夫婦だけの生活になっていたり、逆に子ども夫婦が同居して家族が増えていたりして住み替えを検討する場合、いま住んでいる家を取り壊し、新築することが選ばれるケースがどうしても多くなる（写真４－10）。日本の家の寿命がせいぜい30年くらいだと言われるのには、そんな背景がある。(5)

つまり、せっかく返済期間が30年くらいにも及ぶローンを組んで家を建てても、建物に関しては資産価値が減るばかりで、長く住むほど資金回収が期待できなくなる。だから、壊してしまう。となれば、どうするか。新築する際には、なるべく費用をかけたくないと考えるのが人情だろう。いわゆる「ローコスト住宅」が支持される背景がここにある。コストを下げるためには、使用する材料にもぜいたくは言っていられない。少しでも安い材料が選ばれ、高価な材料は敬遠される。木材なら、吉野杉やら尾鷲檜やらの高級材ではなく、いわゆる並材が選ばれることになる。

だが、築20年とか30年とか、あるいは50年以上経った建物でも、状態が良ければ、不動産として適切に評価されるということになればどうか。新築する際には、投資価値の高い住宅を建てようというインセンティブが生まれるだろうし、質の良い木材が選ばれる可能性も高まる。良い木を使って良い家を建てようという機運が高まることが期待できるのである。中古住宅でも、それなりの価格で売れるとなれば、販売代金を原資にして別の家に移り住もうという選択も可能になるから、まだ十分住むことができる家が壊されるケースも減り、環境負荷を減らす効果もある。

じつは、中古住宅の評価を適正化し、そのマーケットを活性化しようというのは、今後の住宅政策において、重要課題のひとつに掲げられていて、国ではそのためにさまざまな条件整備を進めている。中古住宅が売れるということは新築の減少につながり、それによる需要減を心配する向きもあるが、良質な住宅を社会ストックとしてきちんと評価することは、前述したように環境保全の観点からも、社会的な要請と言えるだろう。むしろ、そうした市場構造の転換に対応した販売戦略を練ることこそが求められる。林業・木材業界もそれを追い風にできるように、良質な木材のマーケティングを強化するようにしたい（図４－１）。

（5）「日本の家の寿命は30年くらいしかない」と言われるのは、平成8年の建設白書に掲載された「過去5年間に除却（解体）された住宅の寿命が平均で26年」という調査結果が論拠になっている。白書の中ではアメリカの住宅の寿命が約44年、イギリスのそれが約75年であることが紹介され、「日本の住宅のライフサイクルは非常に短い」と結論付けている。だが、この調査では解体された家がもう住めないほどの状態だったのかどうかまでは把握されていない。解体された住宅の中には、まだ十分住める家がかなり含まれているかもしれないのである。

⑤ 木材業界の人材を育成する

林業は年間3300人が新規に就業

国産材のマーケットアクセスを改善するための方策として、加工・流通業界における人材の確保・育成を進めることも重要である。

林業界では、平成15年度から国による「緑の雇用」事業が開始され、林業への新規就業者の確保が積極的に図られている。これは、新たに就業した者が基本的な技術を習得するための研修（職場内のＯＪＴを含む）費用を助成するもので、雇用者側にとっては一人前に育てるまでの人件費負担が軽減されるため、新人を雇いやすくなるというメリットがある。最近は環境問題に対する関心が高まっていることなどを背景に、自然を相手にする林業への参入を希望する人が増えている。この事業は、そうした希望への受け皿にもなる。

実際、林野庁の資料によると、同事業が開始される前の新規就業者数は年間約２０００人弱（平成６～14年度の平均で１８６１人）にとどまっていたが、同事業が開始されてからは毎年３０００人以上（平成15～26年度の平均で３３０７人。このうち緑の雇用による就業者は平均１２７２人）が新たに就業するように

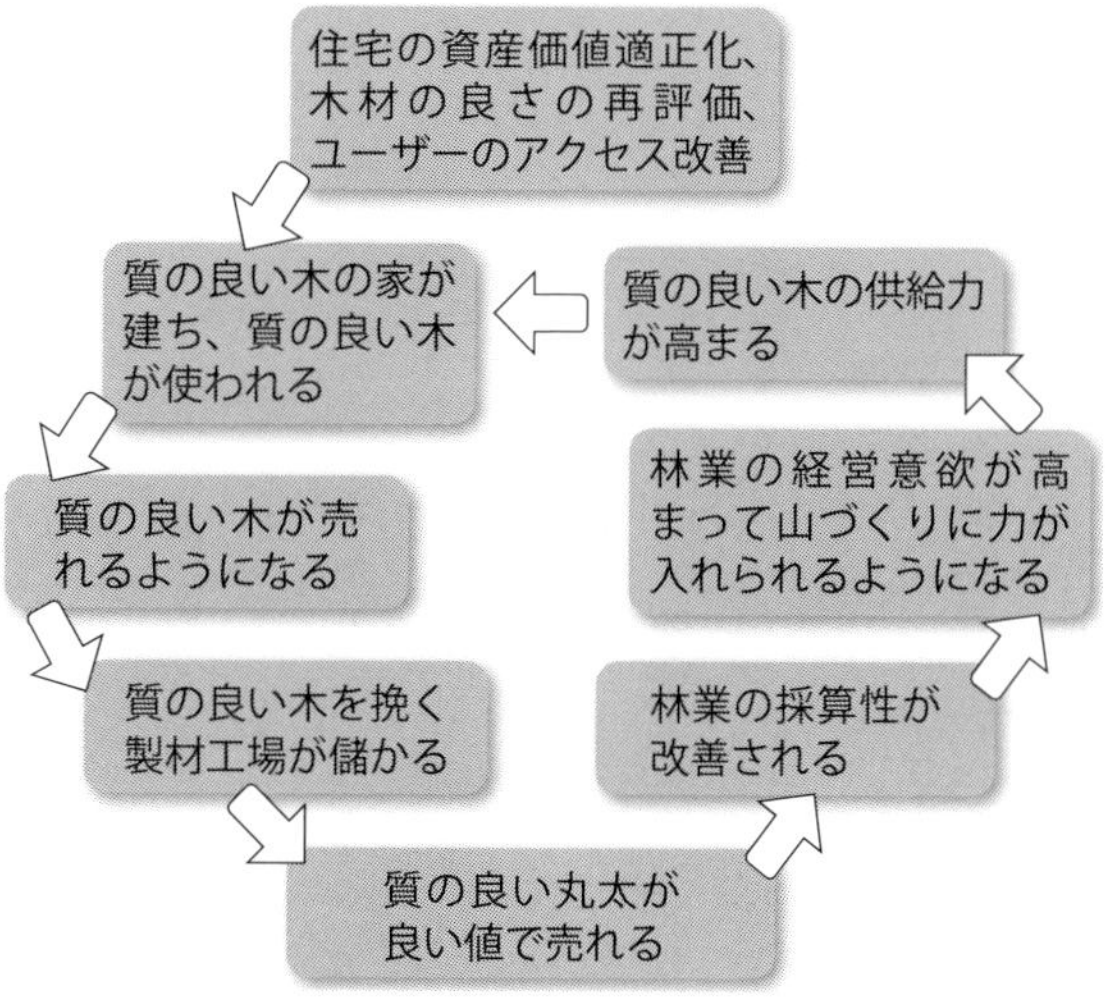

図 4-1　好循環を目指したい

現在のマーケットでは、木材の品質が重視されないために価格が値下がりし、それが林業経営の意欲を低下させ、手入れ不足林の増加を招いている。こうした悪循環から脱却して林業経営を健全化するためには、質の高い木材が適正に評価されるようにマーケット環境を整備し、林業の経営意欲を高める必要がある。

なっている。

さらに平成23年度からは「フォレストワーカー」(林業作業士)、「フォレストリーダー」(現場管理責任者)、「フォレストマネージャー」(統括現場管理責任者)という3区分のもとに、林業労働者のキャリアアップを図るための研修も行なわれるようになっている。こうした研修に参加すると、さまざまな知識を学べるだけでなく、同じ林業界で働く他の職場の人たちと交流することもでき、情報交換を行なえたり、自分の仕事ぶりを客観的に見つめ直すことができたりと、有益な刺激を受けることができる。

こうした一連の施策によって、林業界では人材の層が確実に厚みを増している。それぞれの職場で次代を担う人材が着実に育っているのはもちろん、キャリアを重ねた者が一人親方として独立したり、林業事業体を立ち上げたり、あるいはツリークライミング技術を生かして樹上作業を請け負う会社を興したりと、独立起業の動きも見られるようになっている(写真4-11)。

写真 4-11 森林組合元職員が起業した会社による樹上作業。ツリークライミング技術を駆使し、安全かつ確実に作業をこなす。

就業促進・キャリアアップの仕組みがない

これに対し、木材産業における新規就業の促進策については、一部の自治体が独自に実施している例はあるが、(6) それ以外は各事業体が個別に行なっているのみで、業界横断的な取り組みはないのが実情である。しかも、せっかく参入してきてくれた人たちが学び、キャリアアップを図るための場も用意されていない。(7)

木材業界で仕事をする者には、隣接する業界である林業の経営事情、外材を含むそれぞれの樹種の特徴、原木の質の見分け方、木取りとその結果による製材品の種類と使われ方、さまざまな木質建材に関する知識、木材加工機械の知識、建築における木材の使われ方、土木用材や物流資材としての使われ方——等々、

(6) 鳥取県では、県産材の活用による木材産業の振興を図ることを目的として、人材育成のための研修費を支援する「鳥取県木材産業雇用支援事業」を平成26年度から実施している。助成金額は1人当たり月額で上限17万2000円。期間は最長で12カ月まで。

(7) 全日本木材市場連盟の「木材アドバイザー」養成講習会、NPO法人サウ

さらには流通の役割やその実態など、さまざまな知識や技能が求められる（写真4－12）。

ところが、現状では、この世界に参入し、働いている人たちの多くは、日々の業務を通じて、それらを身に付けていくしかない。「オン・ザ・ジョブ・トレーニング」だと言えば、それらしく聞こえるが、実際には、それぞれの事業所で教育システムが確立されているケースは少なく、昔ながらの「見て覚えろ」式の扱いを受けている人がほとんどなのではないか。

もちろん、スキルアップは個人の意欲によるところも大きいので、「見て覚えろ」がすべて悪いとは思わない。先輩たちの仕事ぶりを真似て、何とか自分もできるようにする。それは仕事を覚えるための基本的な態度である。しかし、「見て覚えろ」式では、事業所内の事情に精通し、その中でのスキルアップは図れるとしても、さらに広く業界全体を見渡す視野を養ったり、業界の将来を展望して対応策を検討したりできるようになるためには、相当な努力が必要になる。

前述したように、林業の場合は、「フォレストワーカー」「フォレストリーダー」「フォレストマネージャー」という3区分のもとにキャリアを形成するための研修が行なわれていて、さまざまな知識を学ぶことができるだけでなく、他の職場の人たちとも交流することができる。

一方、製材業や木材販売業に関しては、必須資格であるフォークリフトの免許や木材乾燥士といった技能資格はあるものの、木材全般に関する知識を体系的に学ぶことができるような場が職場以外ではほとんどない。これではヤル気のある人材が参入してきたとしても、その気持ちを受け止めることは難しいし、そもそも産業としての魅力を高めることができない。結果的に「木材の仕事をしたい」という人を増やすこともできず、活力は低下しと、悪循環に陥ってしまう。

ンドウッズ（兵庫県丹波市）の「木材コーディネーター」養成講座、公益財団法人木材・合板博物館の「ウッドマスター」講習会など民間による個別の取り組み例はある。いずれも活況を呈しており、こうした学びの場に対するニーズが高いことがうかがえる。

写真4-12　木材の加工・流通・利用の各段階で人材育成を進めることが林業の振興を図る上でも重要になる。

賃金より大事な「明るい展望」

実際、しばらく前のことになるが、ある木材市場の原木仕入れ担当者から、目をかけていた後輩から「会社を辞めたい」と打ち明けられ、引きとめることができずに、やりきれない思いをしたという話を聞かされたことがある。

当時、その担当者は38歳。この世界で20年ほどの経験を有し、5歳年下のその後輩を自分の「右腕」とも思って頼りにしていたという。「なぜ辞めるのか」と問う彼に、後輩は「収入は少ないし、国産木材の価格は下がり続けている。将来のことを考えると、とても明るい展望を持つことができない」と答え、それを聞いた彼は何も言えなくなってしまったそうだ。

木材業界の賃金水準がどのくらいなのかについては、特に調査事例はなく、詳しい事情はわからない。ただ、彼自身が「木材に関わる仕事は（給料が）安いから」と自嘲気味に話していたし、いくつかの聞き取りや企業規模などから想像すると、他産業に比べて、けっしてめぐまれているわけではないのだろうと想像がつく。しかも、将来に期待をかけられないとあっては、仕事に対するモチベーションを維持するのは難しい。それで退職者が増えるようでは、産業として疲弊することは避けられない。まさに悪循環なのである。

収入に関しては、林業界もけっして恵まれているとは言えないし、さらに言えば、安全管理の面でも遅れていて、重大災害が頻発し、尊い命が数多く失われている。この問題は深刻で、とても褒められた状況ではない。

しかし、それでもヤル気のある人材が数多く参入してきてくれているのである。この違いは大きい。そうした人材が各事業所でキャリアを積んで育ち、業績アップに努力し、さらには独立起業までしようとする。それが林業界全体の底上げを図ることになり、各人の所得向上にも結びつき、さらなる意欲をも育むはずだ。何より、新たな知見や技術を身に付ける喜びは、仕事への思い入れを深め、結果として人生を豊かにしてくれる。そうやって人が育つ業界の将来は明るい。

「人づくり」こそが業界の発展につながる

本章の冒頭で指摘したように、木材の場合は川上側に位置する林業がユーザーと直接取引するのは難しく、木材のより良い利用を進めるためには、加工・流通を担う木材業界がその機能を健全に果たしてくれる必要がある。それなのに、木材業界では人材育成の取り組みが不十分で、辞めたいという人を引き留めることもできないとなれば、木の価値を高めるどころか、将来的に木材のマーケットが縮小することさえ心配しなければならなくなる。

仕事すなわち需要は、補助金や制度によってのみ、生み出されるものではない。規制緩和等々で木材利用の可能性が広がったとしても、それを生かせるかどうかは、人にかかっている。本当の需要とは、やりがいをもって前向きに働く人材がより良い仕事をしようとして、つくり出していくものである。林業や国産材業界が厳しい環境下にあるとはいえ、そうした中でもさまざまな工夫で差別化を実現し、経営を軌道に乗せている実例は少なからずある。そうした取り組みをこれからも増やしていくには、何よりも人を育てなければならない。

より良い木材利用を進めるためには、木材業界の人材育成をどう進めるのかについて早急に議論を開始し、具体的なシステムづくりに着手すべきである。たとえば、都道府県単位で新人教育のための研修制度を立ち上げたり、そのための共通テキストを制作したり、さらに中堅スタッフがスキルアップを図ることのできる研修を用意したり等々、やるべきことはいくらでもある。そして、このことは林業界にとっても他人事ではなく、自らの将来に深くかかわる課題として認識し、積極的に議論に参画していくべきなのだと強調したい。

大工は今でも憧れの職業

「木の価値を高める」ための人づくりに関して、木造建築の現場作業を担う大工の育成が重要であり、急務であることも指摘しておきたい。

男の子の憧れの仕事として、大工はランキング上位の常連(8)だが、現実は厳しく、大工の数は減り続けている。内閣府が5年ごとに実施している国勢調査によると、大工人口は平成7年には76万人であったが、12年は64万人、17年は56万人、22年は40万人と、大幅に減少し続けている。技術面でも後退していて、プレカット加工が普及したために大工が腕を振るう場面は少なくなり、昨今は、木と木を接合するための継手・仕口の加工が満足にできない大工も増えているという。大工の減少、そして技術力の低下、このことは、木の価値を高めるための取り組みを進める上で、由々しき事態だと言わなければならない。

現在、在来工法による木造住宅の9割がプレカット部材で建てられていると言われる。しかも、造作仕上げ材も現場で取り付けるだけのような商品が増えている。そのため、用意された材料を組み上げることさえできれば、特別な技術がなくても「木の家は建つ」と思っている人もいるかもしれない。だが、実際の現場はそう甘くはない。

現実には建物を完成させる過程で、現場ではさまざまな調整が必要になる。集成材のように寸法安定性の高い材料が使われたとしても、微妙な反りや曲がりは皆無ではなく、それらへの対処が必要になったり、内装仕上げや窓・建具の取り付けに際して仕上がりをよくするための調整をしなければならなかったりと、大工の技術が求められる場面がいくらでも出てくる（写真4－13）。こうしたことをおろそかにすると、建物

写真4-13　古民家のリフォーム現場で腕を振るうベテラン大工。もともと使われていた材料に合わせた微妙な加工を施し、きっちりと収める。こうした大工の技術が廃れることは、木材利用を進める上で大きなマイナスになる。

(8) 第一生命保険が全国の児童・生徒（保育園・幼稚園児および小学校1～6年生）を対象に実施している「大人になったらなりたいもの」アンケート調査で、男の子の場合、大工は2015年が5位、14年が6位、13年が8位、12年と

は完成したとしても、壁と天井との境目や壁と床との境目がまっすぐでなかったり(9)、床や壁の仕上がりにわずかな歪みが生じたりと、いわゆる「収まり」が悪くなってしまう。

家づくりに大工の技を生かす

ならば、そういうことのないようにと、設計やデザインをいくら綿密に行なったとしても、それだけで仕上がりを完璧にするのは難しい。というのは、表面の仕上がりを良くするためには、もちろん、どんな材料が使われるかもポイントにはなるが、水平や垂直、直角、あるいは材料同士の境目などをきちんと収めるには、むしろ表面には現われない下地の施工で高い精度が求められるからである。

そして、下地をどのようにつくるかは、現場の状況や使用する部材の特性を踏まえた臨機応変な判断と技術力が不可欠で、たとえば、どの方向に荷重がかかり、それに対する下地の受け方はどうするか、あるいは、下地に使用する木材の木目がどうなっていて、ならば、その材はどう使えば狂いが起きづらいのか等々の見極めを重ねながらの施工になる。木材需要のこれからの受け皿と目されるリフォームやリノベーションといった工事でも、当然、そうした技術が求められる。つまり、現場を担当する大工の腕次第なのである。そのため、デザイン力の高い建築家ほど大工技術を重視していて、腕の良い大工や、そうした大工がいる工務店としか組まないという実態がある。

このように見てくると、大工が減り、しかも技術力が低下しているというのは、良質な木造住宅を建て、質の高い木質空間をつくる上で大きな支障になることがわかる。それは、木の価値を高めるための取り組みを進める上での支障にもなる。

さらに言えば、プレカット率が9割に達したと言っても、大工の手刻みによる木の家づくりがなくなったわけではない。無垢材をより良く利用し、林業を活性化することを目指すなら、木の癖や個性を読み解き、それらを生かせる大工による家づくりを広めることも有効な方策であることを意識するべきなのである。

11年が10位と常に上位にランクキングされている。過去（1998年）には1位になったこともある。

(9) 壁と天井の境目、あるいは壁と床の境目には、前者なら廻縁（まわりぶち）、後者なら幅木（はばぎ）という仕上げ板を張るのが以前は一般的であった。しかし、最近はシンプルなデザインが好まれるようになり、そうした施工が省略され、境目（「取り合い」と呼ぶ）の仕上がり具合が露わになるケースが増えている。そのため、そうした境目部分については、高度な施工精度が求められる。

「木を知る」建築技術者の育成も重要

大工だけでなく、建物の設計やデザインを担当する建築士やデザイナー（インテリアコーディネーター等）についても、木をよく知る人材の育成が必要である。

よく知られているように、大学や専門学校などにおける、それらの職種の専門教育においては、林業や木材に関するカリキュラムが貧弱で、各種資格試験等でも表面的な知識しか問われない。そのため、木材について十分な知識がないままに建築士等の資格を取得した人が、鉄筋コンクリート造や鉄骨造だけでなく、木造建築の設計にも従事するケースが出てくる。そうすると、鉄やコンクリートといった工業製品と同じ感覚で自然素材である木材を扱おうとして、ほとんど流通していない寸法が設計図に書き込まれたり、木材を調達するのに必要な納期を無視した工事スケジュールが組まれたり、といったことが頻繁に起きてしまう。

それらが原因で予想以上に木材の代金が高くなったり、木材の調達が遅れて工期の変更を余儀なくされたりすると、「やっぱり木は使いづらい」という印象が設計担当者だけでなく、施主にまで植え付けられてしまう恐れがある。それを心配して、木材供給側が何とか設計内容に合わせようとして無理をすると、それに伴う負担を被らなければならなくなる。あるいは、発生した負担を仕入れ先に押し付け、最終的にそのシワ寄せが山元の林業サイドにまで及ぶということにもなりかねない。つまり、誰にとってもプラスにはならない。結果的に、木材利用の意欲をくじくことになってしまう。

そういうことにならないためにも、設計者には木材という素材の特徴を把握してもらいたいし、その設計意図をうまく生かすことができる技術を備えた大工が工事に携わることが望ましい。さらに言えば、前述したスタンダードの整備は、無理のない木材調達計画を立てる上でもプラスになる。そこに意識の高い木材業者も参画し、良質な木材をより良い形で供給することができれば、林業者も木材業者も、建築関係者も、そして何よりも施主にとって喜ばしい形での木材利用が実現するだろう。そうした事例を増やすことが木の価値を高め、林業を元気にすることにつながるのである。われわれは、木材の加工・流通、さらには利用を担う人材をこれからどう確保し、育てていくか、真剣に考えなければならない。

エピローグ——じいちゃんの山仕事

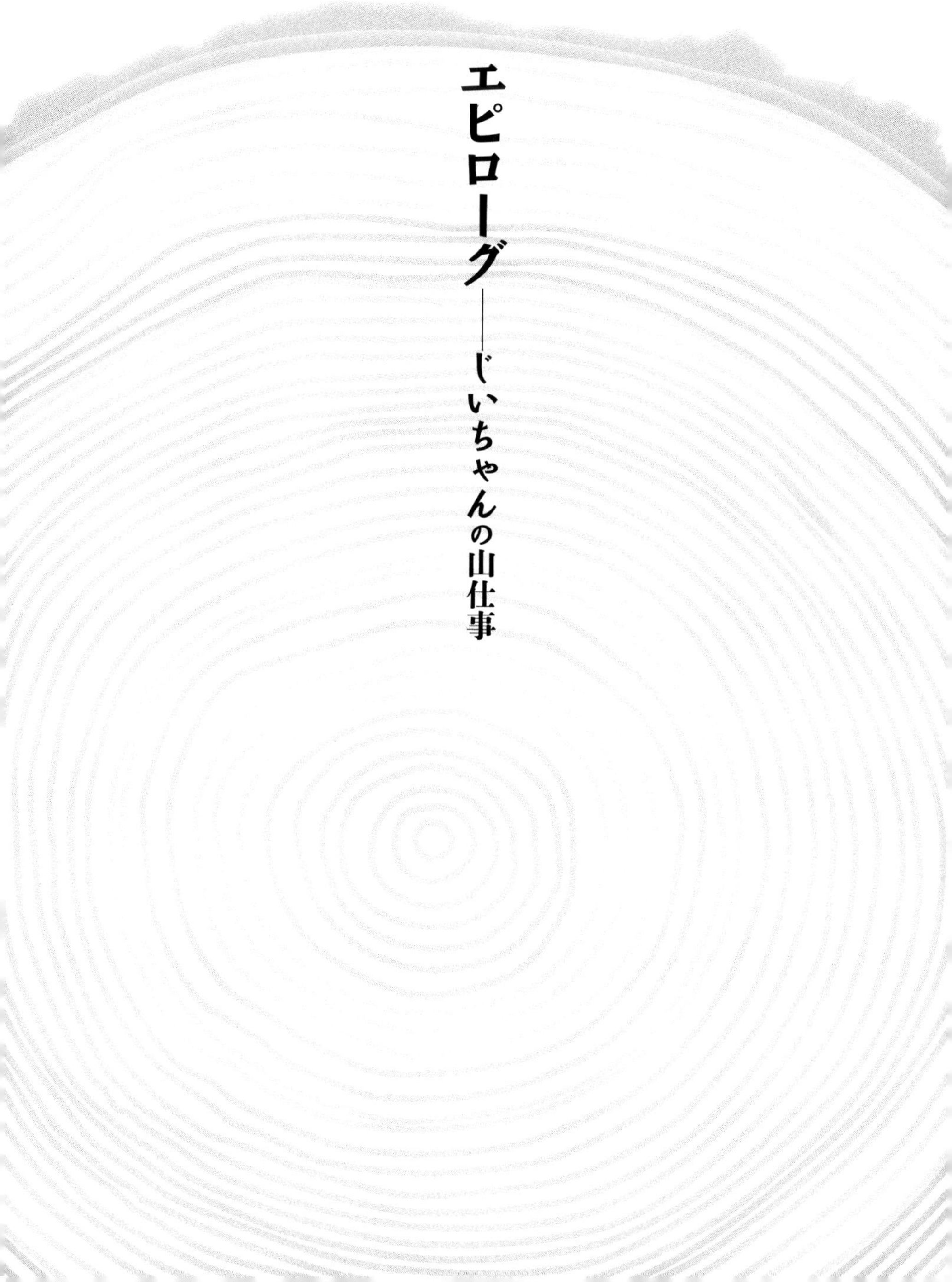

木を伐ることは悪いことか？

そう問いかけられたとき、われわれはどう答えればいいのだろうか。林業や木材産業に関わる人たちは、よく「いまだに木を伐るのが悪いことだと思っている人がいる」と、それがいかにも理不尽なことであるかのように言う。では、木を伐ることは「良いこと」なのか。

「いやいや、アマゾンや東南アジアの熱帯林、シベリアのタイガなどで行なわれているような無秩序な伐採は別。日本でだって、伐りっ放しでほったらかしの山がある。そういう伐採はよくない」と、そんな答えが返ってきそうだ。あるいは「間伐すれば森が元気になる」からと、間伐という伐採行為の意味を説く人もいるかもしれない。この場合は「良いこと」なのだと。

つまり、条件付きなのである。木を伐るのには、良い場合と悪い場合があり、それぞれのケースで判断しなければならない。それはそうだろう。だが、その理屈はわかりにくい。現実に、いわゆる「違法伐採」とされる行為についても、その解釈は往々にして食い違う。当該国の法制度に違反していなければ違法ではないとする意見に対して、その国では汚職が横行しているからと、法に準拠していても実質的には違法なものがあると反論する意見がある。

同じように、「生き物を殺すことは悪いことか？」と問いかけられたら、われわれはどう答えるのか。生きているものの生命を奪うのは、よくないことに決まっている。だが、われわれ人間は、日常的に家畜を屠殺し、その肉を食用にしている。その場合は認められるのか。

自然に依拠した第一次産業は、自然が健全でなければ継続して成立することはできない。後先お構いなしの収奪的な生産行為は長く続かず、その場所の自然を傷める結果となる。

われわれ人間は、自然がなければ生きていけない。だから、第一次産業には、自然と共存した形での営みをしてほしいと願う。自然を大切にしながら、われわれの暮らしに欠かせない食べ物や木材を生産してほしいと願うこと。それが第一次産業に対する本質的な期待であるべきだと思う。農業者には土を大切にしてほしいし、畜産業者には家畜を大切に育ててほしい。そして、林業者には木を大切に育ててほしい。そう思う人が増えることが、社会を健全に保ち、われわれの暮らしを持続させることにつながる。

「木を伐ることがいいのか、悪いのか」という議論については、明確な判断基準があったほうがいいに決まっている。だが、その詳細をめぐる取り決めをどうするのか、どんな条件を設定するのかといった制度や仕組み以前のこととして、林業に携わる立場であるなら、自然を大切にしているのか、木を大切にしているのかという問いかけに、自信をもって「大切にしている」と答えられるようにするべきだと思う。

残念ながら、現在、林業をめぐる状況は厳しく、多くの林業者が採算難に頭を悩ませている。補助金がなければやっていけないというのも、一面の事実としてある。これをどう打開するか。さまざまなコストダウンを通じて収支を改善しようという取り組みも当然やらなければいけないし、国産材全般の需要を増やすことにも力を入れなければならない。その中では、従来のやり方とはまったく異なる手法や技術が開発され、普及することもあるだろう。あるいは、補助金の制度上の制約に、心ならずも従わなければならない場面もあるかもしれない。

一方、林業の経営形態はさまざまであるから、異なる見解がせめぎ合うケースも出てくるかもしれない。所有する山林の手入れや木材生産を自ら行なう自伐で行くのか、森林組合や業者に委託するのか。収支に関する考え方にしても、そもそも育林は将来世代のためにやっているのだから、それを投資と考えるのはなじまないとする意見もあるかもしれない。

だが、さまざまな意見や取り組みがある中でも、共通して問われるのは「木を大切にしているか」ということであり、その問いに対してわれわれは「大切にしている」と答えられるようにしなければならない。どの地域でも、どんな立場でも、それは変わらない。

それを可能にするための方策として、私は「木の価値を高めること」こそが、森林・林業・木材に関わるすべての立場の者が取り組むべきことだと訴えたい。木を大切にしながら山間の林家が営みを続け、林業経営者が従業員とともに山林経営に携わり、製材所が木を挽き、流通業者が木を扱い、大工が木の家を建てる。そのすべての営みが健全に継続するようにするために、どうすれば木の価値を高められるかを、それぞれの立場で考え、実行に移してほしい。その一助になればとの思いで本書を綴ってきた。

福島県川俣町に知人が営む小さな製材所がある。花の木製材所という名のその製材所は、山林経営も手掛けながら地元の山の木を挽き、地域の人々の用に供してきた。その製材所には娘さんがいて、その子が平成11年、小学校3年生のときに自分の家の仕事について書いた作文がある。その子の親御さんである知人が見せてくれたその作文に、私が本書で伝えたかったことのすべてが書かれている。最後にその作文を紹介したい。

大切な木を守ろう

川俣南小三年　菅野聡子

「ウィーン、ガガガガガガ」

今日も、私の家の工場から、大きな音がなりひびきます。私の家は、せいざい所です。仕事は、木を切る事です。木を短くしたり、細くしたり、けずったりして配達します。配たつされた木は、家の柱になったり、屋根の部分になったりします。このように、私の家の仕事は、家を作るために大切な役わりをはたしています。

でも、木を切る家の仕事が、いい仕事なのか悪い仕事なのか、わからなくなる時があります。初めは、みんなの家のために役立つ仕事だから、いい仕事だと思っていました。ところが、テレビのニュースや新聞などで、地球の緑がへっていることがわかって、だんだん悪い仕事にも思えてきました。

木は、人間にとっても地球にとっても大切なものです。その大切な木を、人間が伐り過ぎて少なくなっている時に、家の仕事は木を切っているのです。木がなくなると、緑でいっぱいだった森もさばく化してしまいます。また、雨がつづいて水が多くなった時には、水をすっていた木がないので、こう水にもなるそうです。そんなことがあり、私はすごくなやみました。

そんなある日、私はじいちゃんの仕事を見ているうちに、家の仕事は、悪い事ではないと思い始めました。私の家では、たくさんの山を持っています。その山の木を切って、せいざいすることがあります。私のじいちゃんは、その山の手入れをしています。切るだけではなく、切った分、また木を植えて育てています。じいちゃんは、暑い日も寒い日も山の手入れに行っています。じいちゃんは、「大きい山を手入れするのは、二カ月もかかるんだよ。でも、木が育つとうれしいね」と楽しそうに話してくれました。私は、（家の仕事は木を切るだけではなく、ちゃんと育てているんだ。ひつような分しか切らないんだ。じいちゃんは、木を大切にしているんだ）そう思うと、とてもうれしくなりました。家の仕事が、とてもいい仕事に思えました。

木は、私たちの生活にとって、なくてはならない物です。だからこそ木は大切にしなければなりません。何も考えずに木を切ってしまえば、木はすぐになくなってしまいます。だから私はみんなに言いたいです。いつまでも、木を大切にしてほしいということを。ひつような分の木を切って、使うことは悪いことではないと思います。そのかわり、切った分を、ちゃんと植えて育てていけばいいのです。そうすれば、いつまでも日本は緑いっぱいの国でいられます。

今日も、じいちゃんは山の手入れに行っています。じいちゃんは、木を、そして緑を守っています。私もじいちゃんを見ならって、緑を守る仕事をしたいです。みなさんもぜひ、木を大切にしましょう。

あとがき

「営林」という言葉には、単に経済行為としての林業を意味するだけではなく、山に向き合い、その恵みを享受して山間の暮らしを成り立たせている人の営み全般を指す意味があると思っている。そして、林業や木材に関わる仕事をしている者としては、管理や運営といったどの分野でも使われる言葉とは異なり、読んで字のごとく、何を示すかをすっぱりと一語で言い表わしているところが気に入っている。

本書の書名は、この言葉を漢語の書き下し文風にしたものである。都市部に暮らしている人には思いもよらないことかもしれないが、遠望する山塊のふところや、川の流れを遡り、山肌を分け入ったその先にも、やはりさまざまな人の営みがある。その中でも、日々、山に向き合い、木を大切に育て続けている人たちのことを伝えたいという思いで本書を綴ってきた。「営ム」と、口を結んで言い切る語感には、倦むことなく自然に対峙し続ける林家の生き方に通じるものがあると思う。

その営みは、木の成長度合いや経済情勢、家庭の状況などに応じて、移ろい続ける。ここに収めたのは、それぞれ取材した時点の事実を写し取ったものではあるが、時間の経過により、変化がもたらされたケースも当然ある。

たとえば、プロローグで紹介した鳥取・智頭の林家、赤堀家では、15代目の宗範さんの「現時点で、伐らなければならない木はない」との判断で、自家山林での木材生産を今は控えるようになっている。その代わりに、宗範さんは近所の林家から「宗君にやってほしい」と所有林の管理を任され、そこで間伐や道づくりといった作業に従事して収入を得ている。母親の澄江さんには、山仕事に疲れる様子も見えたことから「引退しんさい」と促したとのことで、父親の完治さんも今は山仕事から実質的に離れているという。ふたりは田んぼや畑をはじめとした、林業以外のさまざまな家の用事にかかり切りとなり、山に関することは、名実ともに宗範さんが後継ぎとして取り回すようになった。もっとも祖父の辰雄さんは、相変わらず毎日のように山に通っていて、宗範さんは「じいちゃんはマイペースですわ」と笑う。

こうした林家との関わりは、さまざまな縁によってもたらされたもので、偶然の出会いもあれば、人づてに聞く中でいつか訪ねてみたいと思い続けて実現したものもある。あるいは、「ぜひ、この人に会ってほしい」からと、仲立ちしてもらえたケースもある。取材者としては、こんなありがたいことはない。

元熊本県林務職員の瀬畑健雄さんも、そのように私のことを気にかけてくれたひとりである。「赤堀さんの記事は、いつも読んでますから」と、瀬畑さんは会うたびに言い、そして「ぜひ会わせたい林家がいる」と、第3章で紹介した栗屋克範さんとの出会いをつくってくれた。取材当日は、休暇を取り、熊本市内から山都町の栗屋さんのところまで、自家用車で連れて行ってくれた。恐縮する私に、「いいんですよ。私も久しぶりに栗屋さんに会いたかったものですから」と、いつものように、ゆったりとした口調で言い、むしろ自分のほうがうれしいのだからと、私を納得させた。その瀬畑さんは、県庁を定年退職された後、林業関係の人材を育成する仕事に就かれていたが、平成28年春に62歳で急逝されてしまった。瀬畑さんに、本の完成を報告できないことが残念でならない。

いま、改めて思うに、こうした人の縁によってこそ、自分の仕事は支えられているのだと痛感している。振り返ると、昭和63年に林業・木材業関係の業界新聞社に入社して、この分野の取材をするようになってから、今年で30年目となった。その間の出会いは、すべて貴重な糧となり、この仕事を続ける上での拠り所となっている。

本書の執筆に当たっては、実例として収録した以外にも、多くの方から貴重な示唆をいただいた。記事として掲載はできなかったものの、それらは間違いなく本書に結実していることを明言して、お礼を申し上げたい。

編集を担当してくれた農文協の馬場裕一さんには、執筆が遅れ遅れになる中で、粘り強く対応していただき、感謝の他はない。出版という行為が編集者との共同作業であり、これもまた出会いの賜物なのだと思い知ることができた。ありがとうございました。

赤堀楠雄

平成29年8月

●著者略歴

赤堀楠雄（あかほり・くすお）

1963年、東京都生まれ。早稲田大学第一文学部卒業。林業・木材産業専門の林材新聞社に11年間勤務後、1999年からフリーライター。林業、木材産業に関する取材活動を続けている。著書・共編著に『図解入門よくわかる最新木材のきほんと用途』（秀和システム）、『変わる住宅建築と国産材流通』『有利な採材・仕分け　実践ガイド』（全国林業改良普及協会）、『基礎から学ぶ　森と木と人の暮らし』（農文協）など。長野県上田市在住。

林ヲ営ム

木の価値を高める技術と経営

2017年10月15日　第1刷発行
2019年 2 月10日　第2刷発行

著者　　赤堀　楠雄

発行所　一般社団法人 農山漁村文化協会
〒107-8668　東京都港区赤坂 7-6-1
電話　03（3585）1142（営業）　03（3585）1147（編集）
FAX　03（3585）3668　振替 00120-3-144478
URL　http://www.ruralnet.or.jp/

ISBN 978-4-540-13104-2
〈検印廃止〉

定価はカバーに表示
乱丁・落丁本はお取り替えいたします。

DTP制作／ふきの編集事務所
装丁／石原雅彦
印刷／（株）光陽メディア
製本／根本製本（株）

農文協の図書案内

西岡常一と語る　木の家は三百年
原田紀子著　1752円＋税

四季のある国の家づくりには四季のあるこの国で育った木が最適。故西岡常一が最期に語った珠玉の言葉の数々と大工、左官、鳶、瓦職人、材木屋など素材にこだわり工法にこだわる職人たちへの聞き書きで構成した建築論。

昭和林業私史　わが棲みあとを訪ねて
宇江敏勝著　1314円＋税

大戦前後から昭和50年まで、炭焼・造林労働者として紀の国を転々とした著者が、その棲み跡を再訪した木の国紀行。行間から昭和林業の盛衰、世相の推移、野生動物や自然との交歓があぶり絵のように浮かび上がる。

近くの山の木で家をつくる運動宣言
緑の列島ネットワーク著　952円＋税

地元の木で家をつくらなくなって環境破壊・伝統的住文化の喪失が進み、シックハウスなど健康問題も広がった。地域の自然と仲良く暮らす家づくりを取り戻すためのメッセージ。河合雅雄、林望、浅井慎平、英伸三らも寄稿。

木の家に住むことを勉強する本
「木の家」プロジェクト編／泰文館発行　1886円＋税

長持ちして環境に優しく、健康にもよい「地元の木でつくった家」に住むための総合実用情報満載。木造住宅の利点と上手な暮らし方、大工さんたちの仕事ぶり、建築例から各種情報入手先やセミナー、スクール情報まで。

ウッドマイルズ　地元の木を使うこれだけの理由
ウッドマイルズ研究会編　1667円＋税

有数の森林国である日本は、一方で木材の輸入量×輸入距離が世界一の環境負荷大国。家や家具、公共施設に地元の木を使うことが山と環境を守り潤いある暮らしへの道であることを多様な角度から明らかにする。

山で暮らす　愉しみと基本の技術
大内正伸著　2600円＋税

木の伐採と造材、小屋づくり、石垣積みや水路の補修、囲炉裏の再生など山暮らしで必要な力仕事、技術の実際を詳細なカラーイラストと写真で紹介。本格移住、半移住を考える人、必読。山暮らしには技術がいる！

囲炉裏と薪火暮らしの本
大内正伸著　2600円＋税

囲炉裏のつくり方、使い方から火鉢、七輪、行火、さらにはカマド、ロケットストーブ等の構造や使い方まで著者が知る薪火づかいのノウハウ、暮らしの中での薪火料理のコツをたっぷりのカラーイラストと写真で紹介。

林業新時代　「自伐」がひらく農林業の未来
佐藤宣子・興梠克久・家中茂　2600円＋税

軽トラとチェンソーがあれば林業が始められる！　大規模・高投資・高性能機械で材価も環境も破壊する「施業委託型林業」から、小規模・低投資・小型機械で中山間地域に仕事をおこす「自伐型林業」へ。

（価格は改定になることがあります）